4090

De l'Éducation

DU MÊME AUTEUR :

Nouvelle opération du pouce bifide, broch. in-8º, 1896

Cancers de l'utérus. Broch. in-8º, 1896.

Libération latérale et inférieure du méat urinaire dans le traitement de l'incontinence essentielle d'urine chez la femme (opération nouvelle). In-8º, 1897.

La dysménorrhée. Broch. in-8º, 1898.

Néphropexie sans sutures par enclavement cicatriciel du rein (opération nouvelle). In-8º, 1899.

Le froid est-il dans les maladies aiguës une cause pathogène aussi importante que les anciens médecins le croyaient, et aussi nulle que certains modernes le pensent? Broch. in-8º, 120 pages, 1899.

Vade mecum de thérapeutique chirurgicale des médecins praticiens. Vol. in-8º, 328 pages, 1900.

Splénopexie sans sutures par enclavement cicatriciel extrapéritonéal de la rate (opération nouvelle). Broch. in-8º, 1900.

Deux observations d'appendicite. Broch. in-8º, 1901.

Les fugitives, poésies. Broch. in-8º, 208 pages, 1901.

Amblyopie intense occasionnée par un cas d'astigmatisme mixte double très fort et guérie par l'emploi de verres bicylindriques. Broch. in-8º, 1901.

Vade mecum d'obstétrique et gynécologie des médecins praticiens. Vol. in-8º, 321 pages, 1902.

Projet d'un système complet d'assistance chirurgicale. Broch. in-8º, 1902.

Homo et Pessime, causerie sous une tonnelle. Broch. in-8º, 1902.

Le Livre de Homo, propos errants. Broch. in-8º, 1902.

Le Livre de Homo, devant les flots. Broch. in-8º, 1902.

Vade mecum des maladies médico-chirurgicales du tube digestif, à l'usage des médecins praticiens. Broch. in-8º, 1903, 423 pages.

Hygiène de l'Enfance : Puériculture. Vol. in-8, 320 pages, 1903.

Mystères de l'Antiquité. — Conférence faite le 19 Janvier 1903. 64 pages in-8º.

Sonnailles et Chansonnailles. — Poésies, volume in-8º, 160 pages.

Sous presse :

Vade mecum de pratique orthopédique des médecins praticiens. — Vol. in-8º illustré, 400 pages.

Hygiène de l'Enfance

De l'Éducation

PAR

LE DOCTEUR HENRI FISCHER

MEMBRE DE LA SOCIÉTÉ D'HYGIÈNE DE L'ENFANCE

PARIS

LIBRAIRIE CHARLES, Éditeur

8, RUE MONSIEUR-LE-PRINCE, 8

1903

A MON EXCELLENT AMI POIRY

Conseiller municipal de Paris
Conseiller général de la Seine

—

*Je dédie ce livre en souvenir de notre grande et
sincère amitié.*

AVANT-PROPOS

Dans un volume précédent : L'Hygiène de l'Enfance, Puériculture, *nous avons étudié les meilleures conditions pour mener à bien l'élevage des nourris- sons et indiqué aux mères et à leurs suppléantes, les nourrices, les règles à suivre pour obtenir une diminution de l'énorme mortalité qui pèse sur les jeunes enfants.*

Nous prenons maintenant l'enfant sorti de ses langes et, nous appuyant toujours sur les connaissances scientifiques acquises, nous étudions les méthodes d'éducation suivies autrefois et actuellement et celles qui devraient être désormais suivies pour faire de l'enfant un homme. Ce livre s'adresse aux parents, particulièrement aux pères de famille et aussi à tous ceux que la famille ou la société charge de l'éducation des jeunes gens, de manière à tirer le meilleur parti des individus composant la Société.

CHAPITRE PREMIER

DE L'ÉDUCATION DANS LES FAMILLES NOMBREUSES

Sommaire :

L'éducation naturelle est celle que les enfants se donnent entre eux. — Dans ces conditions, les parents n'ont pas à intervenir directement. — Avantages des familles nombreuses pour les individus, les nations et la société en général. — Pourquoi les familles sont-elles peu nombreuses dans certaines classes de la société et chez certains peuples ? — Causes générales de la dépopulation.

Avant qu'il ait l'âge d'aller à l'école, l'enfant n'a comme guides et comme éducateurs que ses parents, et c'est encore la mère qui en a presque toute la charge.

Ce n'est certes pas une petite tâche que de surveiller un bambin de deux ans, qui marche sans cesse au risque de tomber à chaque pas, qui cherche à prendre tous les objets et à mettre dans sa bouche tous ceux qui peuvent y entrer, qui réclame à manger de tout ce qu'il voit manger aux autres personnes, qui crie à chaque instant soit de joie, soit de peine, hurle et fait avec ses mains et ses pieds tout le bruit possible ; ce qui lui procure à lui-même un si vif plaisir est intolérable pour les parents et particulièrement pour la pauvre mère exténuée de fatigue à la fin de sa journée.

Comment donc fait la mère qui a une bande d'enfants espacés d'année en année et qui donne le sein au dernier, tout en guidant les premiers pas du précédent, en surveillant les bêtises qu'est en train de commettre celui ou celle qui va sur quatre ans et enfin les devoirs d'un plus grand qui revient de l'école ?

C'est bien simple, elle leur laisse beaucoup faire ce qu'ils veulent.

Forcément, dans une grande famille, chaque enfant ne peut être l'objet d'une surveillance constante, de soins minutieux et de craintes perpétuelles de la part de la mère, comme dans le cas où elle n'a qu'un enfant qui absorbe à lui seul toute sa tendresse et tous ses soins.

Mais les nombreux enfants ne s'en portent pas plus mal pour cela : au contraire.

Leurs jambes portent les marques de nombreux coups, par lesquels ils apprennent quels sont les angles à éviter ; leurs têtes sont fréquemment ornées de bosses, voire même de déchirures qui laisseront des cicatrices toujours visibles, souvenirs de leurs premières blessures dans l'apprentissage de la vie.

Mais comme il n'y a pas toujours derrière eux quelqu'un qui s'empresse de les relever, de les consoler et de les plaindre, ils se relèvent seuls, crient et pleurnichent un instant et n'y pensent plus. — Mais ils peuvent, dira-t-on, faire une chute grave et se casser une jambe, tomber dans le feu et se brûler, manger des choses qui leur fassent mal.

Chose remarquable, en fait, ces enfants des familles nombreuses, livrés en grande partie à eux mêmes, sont plutôt moins fréquemment victimes d'un accident sérieux que l'enfant unique toujours surveillé de près par la mère.

La raison de ce fait, en apparence paradoxal, est que l'enfant élevé librement a bien vite, dès le début, appris à ses dépens les contacts douloureux et les endroits dangereux.

De même qu'un jeune chien qui a reçu un solide coup de fouet d'un voiturier se gardera avec soin des voitures, le jeune enfant qui est tombé d'une marche et s'est fait un « bleu, » se défiera de l'escalier et s'y cassera rarement une jambe.

D'autre part, dans les grandes familles, les précautions générales sont prises depuis la naissance de l'aîné, pour que rien de réellement dangereux ne soit laissé à la portée des plus jeunes.

Jamais une boîte d'allumettes ne traînera sur une table. — Le foyer sera toujours entouré d'un fort et solide grillage inamovible. — Les fenêtres seront grillées à hauteur d'appui — L'escalier et la porte gardées par une barrière.

— Les aliments seront ramassés aussitôt après le repas et tout ce que l'enfant pourrait prendre et avaler sera enfermé.

Ces précautions prises (et avec l'habitude, on arrive à ne jamais les oublier), la mère peut ne pas surveiller à chaque instant son bataillon : il est à l'abri de tout danger sérieux.

Et d'ailleurs les plus grands s'occupent des plus petits.

Cette protection du plus faible par le plus fort se fait spontanément et constitue la meilleure sauvegarde.

Rien n'est touchant comme de voir une petite mère de cinq ou six ans, pomponnant gravement le dernier né, le berçant sur ses genoux en lui chantonnant la chanson avec laquelle hier encore on l'endormait elle-même.

Les grands frères, s'ils causent quelquefois aux plus petits, en les admettant dans leurs jeux violents, quelques bousculades, les protègent, en revanche contre un danger sérieux, s'élancent bravement sur un chien qui voudrait mordre le petit, et n'hésitent pas quelquefois à se jeter à l'eau même sans savoir nager, pour en retirer le petit frère qui s'y est laissé choir.

Ainsi, dans les grandes familles, se fait l'apprentissage de la vie telle qu'elle est, avec ses heurts douloureux, ses dangers, ses souffrances, — mais aussi son aptitude à développer le sentiment de solidarité humaine qu'éveille dans toute nature droite la conscience d'un plus faible à protéger.

Dans cette vie en commun d'enfants d'âges différents, liés entre eux par des sentiments d'affection naturelle, il y a profit pour tous et à tous points de vue.

Les petits s'efforcent de suivre partout les

grands, de participer à leurs jeux et de ne pas être trop en retard. Grâce à cet excitant naturel, leurs muscles sans cesse exercés se développent, leur poitrine s'élargit sous l'effort toujours répété, le cœur devient rapidement résistant.

Sous l'influence de cette vie active en plein air, ils s'accoutument à supporter sans malaise les différences de température ; l'appétit est robuste et la nourriture étant nécessairement la même pour tous; il n'y a pas parmi eux de petits difficiles, de petits délicats qui n'aiment que certains mets et ne mangent pas de tout — Si quelqu'un d'entre eux éprouve un peu de dégoût pour un mets, il n'osera même pas l'avouer, par crainte d'être un sujet de moquerie de la part des autres, et rapidement ce dégoût disparaîtra.

De même si, dans les courses à travers champs ou dans les jeux, un des petits est quelque peu contusionné, il surmontera vite sa douleur, la dissimulera de peur qu'on ne le tourne en risée et qu'on ne l'admette plus en la compagnie des grands.

C'est ainsi que se forment des enfants qui ne seront ni douillets ni pleurnichards.

Au point de vue de l'instruction, aucune méthode pédagogique ne produit les résultats qu'amène sans effort ni tension d'esprit la conversation des enfants entre eux.

L'enfant qui commence à se mettre en rapport avec le milieu extérieur n'est frappé que par certains spectacles, n'a l'attention attirée que par certains objets et exprime dans un langage qui lui est propre les sensations qu'il éprouve, les comparaisons que ces images lui suscitent.

Ces réflexions paraissent dénuées de toute logique pour la plupart des grandes personnes qui les entendent, lors même que celles-ci parviennent à comprendre le langage généralement inintelligible dont se sert l'enfant.

Les enfants entre eux se comprennent au contraire par quelques mots brefs, qui paraissent plutôt des sons inarticulés, et plus encore par des attitudes dans lesquelles on retrouve la mimique qui sert aux animaux pour correspondre entre eux.

Quel contraste avec la phraséologie pédante si insupportable chez les enfants mis tout jeunes entre les mains de précepteurs qui les accompagnent constamment !

Ils expriment comme ils sentent, brièvement, rapidement, un nouveau spectacle venant à chaque instant fixer une minute leur attention.

Dans ce mode d'éducation, il ne peut y avoir manque de sincérité ou étalage de faux amour-propre.

Le témoignage des autres est là pour réformer ce que l'un d'eux pourrait exprimer de non conforme à la réalité.

Que de progrès dans ce sens seraient réalisés si cette connaissance des choses qui l'entourent, faite graduellement, normalement par le jeune enfant mû seulement par sa curiosité naturelle, lui était en outre facilitée par les réflexions d'enfants un peu plus âgés que lui — mais n'ayant jamais reçu d'instruction théorique.

Malheureusement, dès que l'enfant avance en âge, il n'échappe pas à l'obligation de cette instruction autoritaire et dogmatique, la seule qui compte officiellement.

De sorte que, dans les promenades, les jeux et les conversations des grands avec les petits, les premiers ne cherchent plus qu'à étonner les seconds par des phrases apprises, par des idées qui ne sont pas d'eux et qu'ils répètent sans les comprendre, enfin par toute la supériorité que veut afficher celui qui sait envers celui qui ne sait pas.

Si bien que les plus petits humiliés et troublés n'osent plus penser tout haut, se demandent si tout ce qu'ils disent ne va pas être traité de bêtises et arrivent même à douter de la vérité de ce qu'ils disent.

Les grands néanmoins bénéficient de cette société des petits qui les rappellent à leurs premières sensations éprouvées si vivement et rendues si exactement par un mot, qui souvent est une image d'une justesse admirable. Cela contrebalance un peu chez eux le travail déformant et stérile des leçons apprises par cœur, efface momentanément l'empreinte unique que l'instruction reçue en commun laisse dans tous ces esprits, et retarde le moment où ils seront tous comme coulés dans un même moule.

C'est là qu'est la véritable, la bonne école :

dans les champs, sur la place du village ou dans la rue.

C'est ce qui a été appris là, qui seul restera gravé dans le cerveau, et ce sont les sensations perçues à ce moment qui composeront la personnalité de l'individu.

Plus les familles sont nombreuses, plus prolongé et fréquent sera le contact des enfants de différents âges, car il n'existera pas seulement aux rares moments de la journée où les enfants voisins peuvent se rassembler, mais se fera du matin au soir, à table, à la maison comme dehors, et dans toutes les circonstances de la vie ordinaire.

Cette vie en commun dans la famille réalise tout naturellement et dans les meilleurs conditions l'éducation commune des garçons et des filles, et prouve, par ses résultats, l'utilité qu'il y aurait à en généraliser l'application.

Il est évident que ces frères et sœurs, qui depuis le berceau auront grandi ensemble, ignoreront toujours, si on ne le leur apprend pas, ce que le spectacle d'un autre enfant nu peut avoir d'obscène — n'y trouveront aucun attrait et ne le rechercheront pas chez d'autres enfants. D'autre part, au contact des garçons, les filles perdent de leur pusillanimité naturelle.

Elles aiment à jouer leurs jeux violents, y gagnent, comme eux, de la force, de la souplesse, de l'adresse et du sang-froid.

On reconnaît plus tard, dans la vie, les femmes qui ont eu des frères et qui ont été élevées avec eux.

Elles se tirent d'affaire là où tant d'autres se laissent arrêter par le moindre obstacle — font preuve d'initiative et de fermeté quand les circonstances le demandent et ne donnent pas ce lamentable spectacle d'un être analogue à une plante parasite qui, faute d'un soutien, est incapable de vivre.

Au contact des filles, les garçons, de leur côté, répriment les élans de brutalité naturelle, apprennent à jouer sans faire mal et voient qu'il est préférable de développer leur adresse que leur force.

En général, dans les grandes familles, on voit s'établir des liens d'affection plus marqués entre quelques-uns des enfants, soit par suite de circonstances qui les ont rapprochés, soit en vertu d'affinités naturelles.

Souvent c'est un grand garçon, solide et de bonne santé, qui prend spécialement sous sa protection un tout jeune ou un débile.

Les jumeaux sont, de notion vulgaire, généralement très unis.

Ces préférences entraînent bien quelques querelles, quelques jalousies. — Mais n'est-ce pas là ce qui se passe fatalement dans toute société, dans toute réunion même passagère d'hommes ou même d'animaux.

Si les parents ou d'autres personnes n'interviennent pas maladroitement, si l'on tient soigneusement la balance égale entre tous et que l'on se garde de manifester quelque préférence pour un enfant ou un groupe — jamais les dis-sentiments passagers entre enfants n'entraînent de rancune ni de haine durables.

Observer vis-à-vis de leurs enfants la justice, l'égalité la plus rigoureuse, telle doit être la règle de conduite des parents.

Si l'un des enfants par sa gentillesse, ses ma-nières caressantes sait se rendre plus agréable que les autres, il faut que, sans le repousser, les parents se montrent réservés avec lui, sinon ils encourageraient la rouerie vite apprise avec laquelle les enfants savent employer les caresses pour se faire pardonner une faute ou obtenir ce qu'ils désirent.

Tout naturellement le plus jeune ou le plus faible est généralement choyé par tout le monde père, mère, frères et sœurs.

Mais précisément parce qu'il y a un motif lo-gique à ce traitement privilégié, aucun des au-tres enfants n'en est jaloux ni ne s'en froisse, mais rivalise au contraire avec les autres d'at-tention et de soins pour le Benjamin.

D'une façon générale, les nombreux enfants ne sont jamais gâtés par leurs parents et cela constitue pour eux un avantage dont ils n'appré-cient toute la valeur que quand ils sont grands.

Tout le monde comprend assez ce terme *d'en-fant gâté* pour qu'il ne soit pas utile de l'expli-quer.

Malheureusement tout le monde envisage cette manière d'élever les enfants comme une preuve de la bonté d'âme des parents sans conséquence fâcheuse pour l'enfant gâté.

On comprend et on admet généralement que cet enfant se fasse remarquer, quand il est tout petit, par les cris avec lesquels il exige qu'on lui accorde tout ce qu'il désire, plus tard par son impolitesse et sa mauvaise tenue que n'osent corriger les parents, enfin par ses disputes incessantes avec ses camarades qui le laissent de côté ou lui infligent des corrections bien méritées ! L'enfant réformera tout cela de lui-même, pense-t-on, quand avec l'âge se développera la raison.

Cela est vrai dans une large mesure ; fort heureusement, car le nombre des enfants gâtés est tellement grand, que s'ils conservaient dans l'âge mûr les défauts de caractère qu'ils avaient enfants, les rapports avec leurs semblables deviendraient impossibles.

Mais est-ce bien la raison même du sujet qui entraîne cette heureuse modification ? ou n'est-ce pas plutôt la conséquence des heurts nombreux que reçoit de la part des camarades celui ou celle qui se figure que tout lui est permis, que tout lui est dû ?

Ce qui prouve la vérité de cette deuxième hypothèse, c'est que les enfants élevés seuls jusqu'à l'âge d'homme, avec un précepteur, personnage subalterne, sous l'aile des parents qui les gâtent, restent, en général, toute leur vie, des individus désagréables, bassement égoïstes, fermés à tout sentiment de solidarité, incapables de manifester de l'énergie ou de la volonté — et ne provoquent un moment de satisfaction aux gens qui sont forcés de les fréquenter, que quand ils meurent.

Combien de jeunes gens nés intelligents, susceptibles d'une grande culture intellectuelle, non dénués de bons sentiments naturels, ont eux-mêmes cruellement souffert de travers de caractère dûs à cette éducation vicieuse qui les a rendus insupportables à eux-mêmes comme aux autres et en a fait dans la société des impuissants.

Il est infiniment rare que cela se produise dans une famille où il y a plus de quatre ou cinq enfants.

Les motifs en sont multiples :

C'est d'abord la situation en général peu fortunée de ces familles — d'où nécessité d'apprendre aux enfants, dès le bas-âge, à faire eux-mêmes une grande partie de la besogne qui les concerne. Dès l'âge de quatre ans, les enfants savent s'habiller et se déshabiller seuls, se laver. — Plus grands, ils préparent la table pour les repas ; les filles s'occupent du ménage. — Enfin les plus grands soignent et habillent les plus petits ; la mère n'a qu'à surveiller et à diriger.

C'est ensuite parce que, comme nous l'indiquons plus haut, les parents qui ne peuvent évidemment gâter leurs six ou sept enfants, comprennent que s'ils en gâtent un ou deux ils susciteront la jalousie chez les autres et leur feront de la peine.

Enfin le temps matériel manque à une mère qui a la charge d'une telle maisonnée pour obéir à tous les caprices de quelque mioche. Elle considère à juste titre que, quand elle les tient propres, bien vêtus, bien nourris et les gratifie d'une caresse ou d'un mot affectueux au passage, elle a rempli largement son devoir de mère.

Quant au père, il lui faut subvenir aux frais multiples qu'entraîne l'entretien de cette progéniture — et pendant les courts instants qu'il passe à la maison il ne demande qu'à voir tout son monde bien portant, gai, et pas trop bruyant, afin qu'il puisse goûter un repos bien gagné.

D'ailleurs, ce besoin de gâter un enfant qui est impérieux et instinctif chez les parents qui n'en ont qu'un ou deux et vivent dans la crainte perpétuelle de les perdre, ne se manifeste naturellement pas chez les parents qui ont beaucoup d'enfants.

Ils ne les aiment pas moins pour cela. Bien au contraire, ils les aiment plus et mieux. Mais ils aiment leurs enfants pour ceux-ci et non pour eux-mêmes, tandis qu'en analysant l'affection que portent à leurs enfants les parents qui les gâtent, on y trouve facilement un grand fond d'égoïsme.

Trop de parents considèrent leurs petits enfants comme des poupées, les plus agréables, les plus amusantes avec lesquelles ils aient jamais joué, et ne désirent rien tant que de les voir toujours rester ainsi.

C'est avec un réel chagrin qu'ils voient le blondinet auquel on a conservé jusqu'à un âge avancé de longs cheveux bouclés qui le font ressembler à une fille, se transformer peu à peu en un adolescent aux membres noueux et au visage plus mâle.

La mère, souvent désabusée dans son ménage de ses rêves de jeune fille, reporte sur son garçon des trésors de tendresse refoulés en elle-même.

Elle lui obéit comme une servante heureuse d'être malmenée par le maître qu'elle s'est donné et lui reconnaît le droit de commander et d'exiger.

Le père qui se sent des torts envers sa femme, n'ose intervenir malgré les révoltes que lui inspire la conduite de son fils envers sa mère et les conséquences fâcheuses qu'il prévoit d'une telle éducation.

Et puis, il y a la paix du ménage, la crainte des querelles domestiques, l'appréhension d'entendre dire « c'est mon fils » d'un ton qui n'admet pas de réplique. Ces sentiments s'accordent trop bien avec la lâcheté naturelle de l'homme qui rentre à la maison lassé des luttes subies au dehors, pour ne pas entraîner le laisser-faire qui constitue, somme toute, dans toutes les classes de la société, la principale règle de l'éducation.

Ce laisser-faire n'a pas d'inconvénients quand il se trouve limité par les autres enfants comme cela se produit forcément dans les nombreuses familles.

Il présente au contraire des inconvénients très graves quand un ou deux enfants élevés seuls avec les parents ne trouvent chez ceux-ci aucun obstacle à toutes leurs volontés, aucun contrepoids à leur égoïsme.

Dans le premier cas, chaque enfant se trouve, dès sa naissance, placé dans les mêmes conditions que l'homme dans la société.

Il jouit de la plus complète indépendance, mais dans les limites où les manifestations de cette indépendance ne gênent pas celle des autres. Il apprend ainsi spontanément et chaque jour jusqu'à quel point il peut sans inconvénients se livrer à tous ses goûts et satisfaire tous ses désirs.

Cela constitue la meilleure et la plus complète éducation.

Quand elle manque, faute de frères et sœurs pour la donner, c'est-à-dire dans les familles où il n'y a qu'un ou deux enfants, il faut que les parents se chargent de suppléer à ces parfaits éducateurs naturels. C'est un devoir impérieux mais difficile à remplir, comme nous le verrons dans le chapitre suivant.

Mais avant d'aborder ce sujet, il nous reste à répondre à deux questions qui se posent naturellement.

Les avantages si marqués de l'éducation des enfants nombreux dans chaque famille se manifestent-ils d'une façon évidente par la manière dont se comportent plus tard dans la vie ces enfants devenus grands ?

Et si cela se produit réellement, pourquoi y a-t-il, dans la plupart des nations civilisées, une tendance générale pour les familles à restreindre le nombre des enfants ?

Pour répondre complètement à la première question, il faudrait poursuivre une étude sociale détaillée chez les différents peuples, dans les différentes classes de la société et dans tous les temps.

Certes, il y aurait là des recherches neuves, intéressantes à faire et des conclusions d'une utilité incontestable à en tirer.

Mais pour ne pas sortir du cadre limité de notre sujet, il nous suffit de faire appel au bon sens et à l'observation de tout le monde.

Il est de notion vulgaire que les enfants de familles nombreuses sont en général plus « débrouillards », se tirent mieux d'affaire que les fils uniques, et que cette supériorité ne peut être attribuée qu'à ce qu'ils ont appris, tout jeunes, j'entends que n'ayant pas à compter sur des rentes, il leur faudrait travailler pour vivre. — La preuve en est que les fils uniques de familles pauvres ne se montrent pas en général mieux armés moralement pour la lutte que les riches, et que, d'autre part, même dans les familles riches où il y a beaucoup d'enfants, ceux-ci réussissent presque tous à faire leur chemin.

Que l'on se rappelle, à l'époque où existait en France le droit d'aînesse, les brillantes carrières

fournies par les cadets de famille qui, comme
Duguesclin, s'entraînaient, en rossant leurs frères, aux batailles futures.

Que l'on compare l'esprit d'aventure et d'initiative des nombreux jeunes gens que l'Angleterre essaime chaque année et qui vont dans
tous les points du monde créer de nouveaux
débouchés à son industrie, de nouveaux centres
à son commerce, de nouveaux foyers à l'exten-
sion de la langue et du génie anglo-saxons.

Qu'on les compare à l'ambition de la majorité des jeunes Français, qui se borne à postuler
et obtenir une place de fonctionnaire qui leur
assure, près de leur famille, la vie matérielle
avec la croix et une retraite dans la vieillesse.

Il n'y a pas là une différence seule de tempé-
rament due à la race.

Les Français n'ont pas toujours été hypnotisés
par le rond de cuir et ne le sont pas tous encore.

Ce sont eux qui ont peuplé le Canada et y ont
laissé cette race admirable de vigueur physique
et intellectuelle qui continue à y maintenir sa
suprématie, en dépit de l'immigration anglo-
saxonne, et cela grâce à leurs nombreux enfants.

A notre époque encore, les Bretons, les Bas-
ques et les Provençaux, pays où la plupart des
familles sont nombreuses, continuent d'envoyer
à l'étranger et particulièrement en Amérique des
Français actifs, entreprenants, doués d'initiative,
qui contrebalancent l'influence prépondérante
de la race anglo-saxonne.

L'Italien a déversé sur l'Amérique du Sud son excédent d'enfants. — La République Argentine est peuplée de ces Italiens qui arrivent misérables et qui, grâce à leur esprit industrieux et à leur sobriété, parviennent tous à y vivre dans l'aisance et quelques-uns à y faire de grosses fortunes.

Enfin l'admirable petit peuple boër qui, réalisant la prédiction du Président Krüger, « a étonné le monde entier » ne doit-il pas la plus grande partie de sa valeur à ses enfants tellement nombreux que l'hécatombe qui en a été faite n'a pu l'amener qu'à suspendre momentanément la lutte homicide.

Et ses chefs ont si bien compris la gravité de cette énorme mortalité infantile dans les camps de concentration, qu'elle fut là raison dominante qui les décida à mettre bas les armes — pour ne pas compromettre l'avenir de la race.

Les peuples forts sont ceux qui ont beaucoup d'enfants, telle est la conclusion évidente de toutes les observations historiques et sociales.

Cette conclusion est particulièrement douloureuse pour nous, Français, qui nous rangeons parmi les peuples où les familles nombreuses sont les plus rares.

Quels sont les motifs immédiats de cet état de choses dangereux pour le présent et surtout pour l'avenir ?

Ils sont d'ordre si divers que, parmi ceux qui se sont livrés à leur étude, (et il y a chez nous autant de gens donnant sur ce sujet de bons

conseils qu'il y en a peu à prêcher d'exemple)
chacun a pu envisager un motif en particulier et
lui attribuer tout le mal avec apparence de raison.

En réalité plusieurs facteurs, et principalement
la crainte de la douleur et la recherche immo-
dérée du bien-être, contribuent à produire le
même résultat dans des proportions et avec des
caractères qui varient suivant les conditions
sociales.

Une première remarque s'impose, c'est que
dans les classes riches et aisées les familles
sont en général moins nombreuses que dans les
familles pauvres.

Cette observation détruit complètement l'hypothèse que ce serait la crainte de manquer du nécessaire qui empêcherait d'avoir beaucoup d'enfants. Le petit nombre d'enfants dans les classes
riches doit-il être attribué au souci de conserver
intactes dans la maison : *la maison* s'il s'agit
d'un commerçant, *l'usine* s'il s'agit d'un indus-
triel, *la fortune* s'il s'agit d'un rentier, *la terre*
s'il s'agit d'un propriétaire foncier, comme si
ces entités constituaient des organismes essentiels à la vie sociale d'une nation et même de
l'humanité et que devant cette nécessité primordiale, on dût faire plier les sentiments, quand
ils existent ?

Le petit nombre d'enfants n'est-il pas dû aussi
à la terreur mêlée de dégoût qu'inspire l'accouchement aux femmes d'un certain monde et
d'une certaine tournure d'esprit, due il est vrai

en majeure partie à l'éducation qu'elles ont reçue ?

Comme nous l'avons vu dans le volume précédent, l'éducation que reçoivent les jeunes filles dans les pensionnats à la mode qui sont tous dirigés par des religieuses, peut en faire des femmes sachant recevoir, rendre des visites, attentionnées à ne pas se commettre avec des gens d'une classe sociale inférieure, et impeccables sur le protocole compliqué, minutieux et variable avec la mode qui enseigne comment on doit se moucher, saluer, tendre la main, ouvrir son parapluie, rire ou ne pas rire, avoir le ventre en avant ou absolument plat, marcher vite ou lentement, etc., etc...

Mais une telle éducation ne peut faire de ces jeunes filles des mères de famille. Elle s'y oppose complètement.

Malheureusement ces maisons d'éducation sont fréquentées non seulement par les jeunes filles appartenant à l'aristocratie catholique — mais encore par un bon nombre de jeunes filles israélites dont les parents espèrent dissimuler ainsi une naissance qu'ils paraissent considérer comme une tare originelle ; enfin et pour le plus grand nombre, par les filles de parvenus qui y cherchent un certificat de « naissance » comme ils le font en achetant les bijoux de la maîtresse d'un duc, et en soutirant à prix d'or le chef ou le maître d'hôtel d'une maison du faubourg.

Pour toutes ces raisons, auxquelles le souci de faire d'une jeune fille une honnête femme et une bonne mère de famille est tout à fait étranger — ces maisons d'éducation sont très achalandées.

Autant y entrent d'élèves, autant en sortent de créatures déformées physiquement, intellectuellement et moralement, autant de femmes qui n'auront pas ou auront peu d'enfants; somme toute il n'y a pas lieu de le regretter, car, suivant la loi qui, dans ce milieu, régit les unions, la race ainsi obtenue ne mérite certes pas d'être conservée.

Dans la classe simplement aisée, les familles sont en général également peu nombreuses.

Dans la classe aisée, dite classe moyenne ou bourgeoise, de la société en France, l'habitude est aussi de limiter à un ou deux le nombre des enfants.

Il n'est pas exagéré de dire que dans ce milieu les pères de famille qui ont l'audace d'avoir cinq ou six enfants soulèvent les colères de leurs beaux-parents, les réprobations de leurs amis et les risées à peine dissimulées des gens de leur classe.

Les belles-mères et les parents à héritage sont particulièrement indignés contre l'imbécile ou maladroit qui compromet par une progéniture scandaleusement abondante la santé de sa femme et l'avenir de ses enfants.

C'était bien la peine d'amasser quelques gros sous, au prix de calculs cent fois refaits et d'économies de toutes sortes ! C'était bien la peine de ne pas se marier pour que le lopin de terre laissé par les parents ne soit pas morcelé et se retrouvât en entier entre les mains de l'unique neveu !

C'était bien la peine de méditer, dès avant la naissance de ce futur héritier, une union avec l'enfant unique également à naître d'une famille amie dont les biens arrondiraient les premiers, de manière à ce que cet heureux héritier se trouvât posséder un jour, non plus de l'aisance mais de la fortune et passât ainsi dans la classe sociale supérieure.

Finis ces rêves orgueilleux, déçus tous les projets et les calculs ! Cinq ou six enfants ont les mêmes droits aux futurs héritages et aux nombreux cadeaux que les convenances exigent qu'on distribue aux enfants des parents... à charge de revanche.

Mais la balance n'est plus égale quand il faut munir de jouets et gorger de bonbons une bande d'enfants alors que, soi-même, on en a qu'un ou au plus deux.

Tels sont les motifs, futiles pour l'observateur, prépondérants pour celui qui est en cause, qui font hésiter et quelquefois arrêtent le père et la mère de famille bourgeois dans leur désir d'avoir plus d'un ou deux enfants.

Ils supputent la perte possible d'héritages qui peuvent aller à des parents éloignés plus prudents et se demandent s'ils ont le droit d'en frustrer par leur faute, les enfants déjà nés.

Ils sont en butte aux remontrances des proches parents et des vieux amis de la famille. —

Ceux-ci ne laissent pas passer une occasion de faire un petit sermon sur la dureté des temps, la difficulté qu'ont les jeunes gens sans fortune de faire leur chemin dans le monde, la souffrance qu'on éprouve à voir déchoir les gens qu'on a connus dans une belle position. — « Il faut se sacrifier à ses enfants et leur ménager un bel avenir. — On ne saurait être trop prudent, par le temps qui court. »

De tels propos répétés maintes fois, venant de personnes qu'on sait animées de sentiments affectueux, dont on respecte l'âge et auxquelles on reconnaît de l'expérience et du jugement font réfléchir le père prodigue et hésiter la mère, qui est, en particulier, endoctrinée par de vieilles filles qui passent pour avoir l'esprit particulièrement avisé et posséder une profonde connaissance de la vie... observée chez les autres.

D'ailleurs, dans le ménage même, la venue de plusieurs enfants a déjà troublé le train de vie habituel.

Désormais, Madame doit renoncer à paraître dans le monde. Elle n'en a plus ni le temps ni les moyens.

Par raison d'économie, elle nourrit elle-même ses enfants et doit en outre aider l'unique bonne dans les soins du ménage, les ressources ne permettant pas de prendre deux domestiques.

Monsieur renonce à l'innocente partie de cartes qu'il avait l'habitude de faire chaque soir au cercle, son travail terminé. — Il y perdait quelques louis par mois, qui, joints aux frais du cercle qu'on supprime, serviront à acheter du linge et des vêtements pour les mioches. — C'est qu'il faut que les enfants ne paraissent pas moins bien vêtus, moins pourvus de ces mille petits objets inutiles où se marque le souci de briller, que les enfants des gens de leur milieu.

Et comme, justement, les parents et amis cessent de faire des cadeaux parce qu'il en faudrait trop, tout est à acheter.

Il existe de ces ménages, cossus en apparence, où le père est toujours sanglé dans une redingote correcte, où la mère paraît dans les cérémonies où sa présence est obligatoire vêtue d'une toilette luxueuse, où les enfants sont non seulement tenus proprement mais sortent toujours avec des cravates, des ceintures et du linge immaculés, où l'on reçoit très décemment à dîner plusieurs fois l'an — et où, le reste de l'année, on se contente d'une nourriture dont ne voudraient pas des ouvriers, manquant dans la vie intime du simple confortable.

C'est une terrible existence que cette vie en partie double d'apparence de luxe, en dehors, et de la privation du simple bien-être à la maison, — comédie sinistre que l'on joue le sourire sur les lèvres et les larmes arrêtées dans les yeux, hypocrisie nécessaire, parce que le plus souvent la position du père de famille en dépend !

Les gens qui possèdent n'accordent pas toute leur confiance, quoi qu'ils fassent, à ceux qu'ils savent dans le besoin.

Celui qui se décharge de la responsabilité d'une

caisse ne garde pas un caissier qui, de notoriété publique, a du mal à payer son terme et n'a pas le moyen de s'habiller de neuf à chaque saison.

Une attitude humble, un aspect misérable, le goût de la solitude inspirent de la défiance aux gens qui se sentiront au contraire pleins de confiance et de sympathie pour celui qui parle haut, s'habille avec recherche, fait sonner ses parentés et ses relations, vit constamment dehors, va dans le monde, fréquente les gens qui s'amusent décemment, accepte partout à dîner, fait d'importantes commandes aux fournisseurs... et un beau jour disparaît sans rien payer, en emportant la caisse de son patron et les économies de ses trop crédules amis.

Le père de famille qui connaît la vie et est parvenu lentement et avec peine à une situation juste suffisante pour subvenir à ses dépenses nécessaires, suppute avec angoisse ce qu'il adviendra si ces dépenses se trouvent considérablement accrues par la venue de nouveaux enfants.

Dans les classes bourgeoises, les positions dites libérales ne se prêtent pas aux augmentations de bénéfices et aux diminutions de frais avec l'élasticité du budget d'un commerçant ou d'un ouvrier.

Le fonctionnaire, l'employé, l'ingénieur, le médecin, l'avocat ne peuvent que dans de très faibles limites augmenter leurs ressources à leur volonté et ne peuvent en tous cas toucher aux frais généraux qui font partie de la façade, et contribuent à assurer la situation.

Telles sont les réflexions que se fait un bon père de famille bourgeois, et comme c'est un homme sage et d'esprit pondéré, il conclut à arrêter l'accroissement de sa progéniture.

Il fera comme les autres : il trichera, ira, hors du ménage, satisfaire ses désirs, sans inquiétudes pour l'avenir, et n'aura pas ainsi à se reprocher de compromettre follement l'équilibre de son budget et l'avenir de ses enfants.

Qui pourrait le blâmer d'agir ainsi ?

Il n'est pas responsable de la constitution vicieuse d'une société où chaque homme se trouve, par sa naissance, placé dans un compartiment ou plus exactement dans une filière qu'il suivra fatalement toute sa vie, sans jamais en sortir, à moins qu'il ne soit un bon à rien ou un homme absolument supérieur ; encore, dans ce cas, ne réussira-t-il le plus souvent qu'à se faire considérer comme un original ou un détraqué.

La limitation des enfants dans les familles de la classe moyenne, dans la bourgeoisie, est donc une conséquence forcée des principes mêmes qui régissent ceux qui en font partie et qui peuvent se résumer en : souci du décorum et désir d'amasser.

Comme cette classe moyenne est sinon la plus nombreuse, du moins fort considérable, et comme les membres qui la composent obéissent strictement à ces principes sous peine d'être disqualifiés, il n'est pas étonnant que ce soit dans cette portion de la société que les familles comptent le moins d'enfants.

L'enfant unique y est très fréquent, deux enfants sont la règle, trois ou quatre se voient parfois, un plus grand nombre est une exception.

Mais dans ces conditions, dira-t-on, comment se fait-il que la bourgeoisie ne s'éteigne pas peu à peu ou du moins que ses membres ne deviennent pas de moins en moins nombreux.

Pour la simple raison que, de même que le rêve du bourgeois est de parvenir à une fortune qui lui donne rang dans la seule aristocratie qui persiste à notre époque, celle de la richesse, de même l'ambition de l'ouvrier, du petit commerçant, du petit patron, du petit employé c'est de devenir ou de permettre à son fils de devenir un bourgeois.

C'est par cet apport incessant que se comblent les vides remplis par ces parvenus et ceux-ci sont d'autant plus stricts sur l'observation des règles sociales admises qu'ils ont toujours peur, en y manquant, de trahir leur basse origine.

Malgré la difficulté qu'il y a à s'enrichir dans notre vieille société fermée, le nombre de ceux qui arrivent à s'élever d'un échelon dans la hiérarchie sociale est encore considérable — tant est nombreuse la classe sociale inférieure.

Qu'on l'appelle le peuple, le salariat, la classe ouvrière, le quatrième état, elle se compose en somme de tous ceux auxquels leur naissance n'a donné d'autre capital que leur cerveau et leurs bras.

Leurs parents n'ont pu leur donner l'instruction supérieure qui mène aux carrières libérales et qui représente, en fait, un capital dont les intérêts se retrouvent plus tard sous forme de gains supérieurs à ceux de l'ouvrier.

Celui-ci, après quelques années d'école primaire où on lui enseigne pêle-mêle les rudiments de toutes choses, et où il apprend rarement à écrire lisiblement et correctement, entre en apprentissage chez un patron qui, tout en tirant de lui tous les avantages immédiats possibles, en fait, en trois ou quatre ans, un ouvrier capable de gagner sa vie. Mais il faut alors que le jeune homme vienne en aide aux parents devenus vieux ou infirmes et pour lesquels la période d'apprentissage du fils a été une lourde charge. A peine le jeune ouvrier a-t-il pu rétablir l'équilibre dans le budget de ses parents et voit-il la possibilité de bien gagner sa vie, qu'il est pris par le service militaire, et pendant trois ans, non seulement il ne pourra plus contribuer au bien-être de ses parents, mais ceux-ci se priveront du nécessaire pour lui envoyer de loin en loin le mandat sans lequel la vie est si pénible à la caserne.

Ces trois années passées, l'ouvrier retrouve la maison paternelle misérable ou vide, les vieux malades, à l'hôpital, ou morts. Il a perdu le goût et l'habitude du travail, il s'ennuie de vivre au village et rêve de gains rapides et faciles dans une grande ville où il y a des occasions de plaisirs ; il ne reste pas longtemps dans la même place, se débauche pour le motif le plus futile, trouve que tous les patrons sont des « rosses » et toutes les maisons des « boîtes ».

Au fond, il ne peut plus se plier à aucun travail régulier et continu. Le contact des camarades de régiment plus fortunés et dont il a été l'égal ou même le supérieur lui a fait sentir l'injustice sociale.

Il ne se rend pas compte qu'il ne peut, seul et même en s'unissant à d'autres, la supprimer ou seulement l'atténuer à son profit. Il ne réfléchit pas que s'il veut faire œuvre utile, il doit d'abord assurer son existence en se perfectionnant dans le métier qu'il a appris, qu'il lui sera loisible ensuite de coopérer, par sa cotisation et son affiliation à un syndicat ou à un groupement, à la lente évolution vers un ordre social plus juste dont bénéficieront peut-être ses enfants ou ses petits-enfants.

Dans les brochures qu'il lit, les conférences qu'il écoute, les conversations auxquelles il prend part, il ne retient que ce fait brutal : lui, l'ouvrier est exploité. Il faut que cela cesse, et tout de suite ! A quoi bon s'éreinter avec la seule perspective de ne cesser que quand il sera trop vieux, usé, malade, infirme, pour aller crever seul, misérable, dans un taudis ou à l'hôpital ?

A quoi bon se marier pour voir sa femme subir la triple charge de continuer à travailler au dehors, de s'occuper du ménage et d'avoir des enfants ?

A quoi bon procréer des êtres qui continueront la même existence de peine, de misère, et de tristesse sans issues ?

Autant profiter des années de jeunesse et de validité pour jouir le plus et le plus vite possible.

Quand on a bu, on ne songe plus qu'on est pauvre et qu'on le sera toujours, la langue se délie, les idées arrivent en foule : on étonne les camarades par son bagou, on devient un personnage, un chef, et puis on fait du bruit, on donne libre cours à tous ses instincts, on cogne, on casse les étalages des bourgeois, on rosse la police, on court les filles, on dépense sans compter et on se paie « du meilleur » comme « un de la haute » et puis on s'endort sous une table ou dans le ruisseau, du sommeil de brute, qui est l'anéantissement complet et comme un avant-goût de la mort, suprême repos.

Quand un homme en est là, il ne crée pas de famille ou bien si, dans un moment où il ressent trop la tristesse de la solitude, l'abandon des camarades de plaisir, il prend une femme, c'est un malheur très grand pour lui, pour elle et pour les enfants qui viennent à naître.

Ce type d'ouvrier, pour fréquent qu'il soit, ne représente pas toute la classe des salariés.

Nombre de jeunes gens mieux équilibrés ne subissent pas à ce point l'influence démoralisante des trois ans de service militaire, d'autres, comme fils de veuve, étudiants, soutiens de famille, ouvriers d'art, dispensés à divers titres ne font qu'un an, quelques-uns enfin bénéficient d'un cas de réforme. Pour tous ceux-là l'existence de travail commencée dès l'apprentissage se poursuit sans arrêt.

Les uns deviennent dans leur métier des ouvriers habiles que le patron cherche à s'attacher, paie bien et traite avec égards — et qui, s'ils quittent un atelier, ne sont pas longtemps sans trouver une bonne place dans un autre.

Ils finissent par être contremaîtres ou chefs de chantier et avec leurs gains peuvent vivre plus heureux que des bourgeois, car ils n'ont pas les mêmes frais de tenue et de représentation.

Ils prennent femme dans leur milieu : une ouvrière qui continue à gagner sa vie jusqu'à ce que la naissance de plusieurs enfants nécessite qu'elle consacre tout son temps à son ménage.

Généralement dans ces unions légitimes ou non (car bien souvent, dans les grandes villes et surtout à Paris, l'ouvrier s'inquiète peu de faire légaliser son union) les enfants sont nombreux. Malgré le travail régulier du père, même quand celui-ci est sobre, peu dépensier, et quand la mère est une ménagère attentive, travailleuse et économe, il y a dans ces ménages un moment difficile : c'est alors que les enfants sont encore petits, et qu'ils coûtent tous, sans rien rapporter. — Plus tard, quand les aînés ont terminé leur apprentissage, pendant quelques années l'apport d'une partie de leur gain aide à élever les plus jeunes et la famille vit dans un certain bien-être, — pourvu toutefois que la maladie ne vienne pas en frappant le père, la mère ou plusieurs enfants, détruire l'équilibre péniblement maintenu du budget.

Nous avons lu, il y a quelques années, une étude fort instructive à cet égard du budget de l'ouvrier en Angleterre. — Composée de faits soigneusement amassés, elle contenait le détail des gains et des dépenses de chaque jour d'un ménage d'ouvriers dans une grande ville.

La conclusion qui s'en dégageait était que le meilleur ouvrier ne pouvait, même en ne dépensant pas un penny inutilement, espérer mieux que vivre en élevant ses enfants.

Il lui était impossible de mettre un sou de côté : en sorte que, d'une part, il était forcé d'acheter au jour le jour toutes les denrées nécessaires, se privant ainsi du bénéfice qu'a celui qui achète en gros ou en demi-gros par avance, — que d'autre part il était à la merci d'un arrêt de travail, d'une maladie, d'un accident ou de la vieillesse. — En un mot le salut de toute la famille reposait sur le travail incessant du père et de la mère ; si, pendant plus de deux semaines, ce travail venait à cesser, les ressources manquaient, la famille était dans la misère.

Une semblable étude faite dans chaque pays, à des intervalles assez rapprochés, de dix en dix ans par exemple, comporterait de précieux enseignements à la condition d'être impartiale, précise et sincère. C'est-à-dire qu'il ne faudrait s'appuyer ni sur les statistiques officielles, toutes involontairement et nécessairement fausses, ni sur des chiffres fournis par des syndicats ou des groupements socialistes.

Il faudrait qu'un homme placé dans une situation qui lui permette de voir clair dans ces budgets ouvriers, choisît seulement quelques types pris parmi ceux qui jouissent des plus forts, des moyens et des plus faibles revenus, parmi les gens rangés économes et parmi ceux qui ont des goûts de plaisir ou seulement de bien-être, et qu'il montrât ainsi comment un homme qui n'est ni un héros ni un mythe mais un travailleur sujet aux mêmes tentations, aux mêmes faiblesses, aux mêmes désirs de jouissance que tout autre homme, peut se tirer d'affaire.

En l'absence de tels documents, il est vraisemblable d'affirmer actuellement qu'un ouvrier ne peut jamais économiser une partie si faible qu'elle soit des revenus de son travail.

Il ne le peut pas, parce qu'à mesure que ces revenus augmentent, se développe le désir bien légitime d'un peu plus de bien-être, parce que son cerveau plus cultivé réclame des jouissances intellectuelles dont il ne sentait pas auparavant le besoin.

Il ne le peut pas, parce que chaque année la famille s'augmente, l'ouvrier en général ne restreignant pas volontairement le nombre de ses enfants.

Il ne le peut pas, parce que la mise à pied par le patron qui manque de commandes, la grève, la maladie surviennent pour épuiser en quelques semaines les rares économies ou creuser un trou qu'on ne pourra plus jamais combler.

Les sociétés de Secours Mutuels bien comprises pourraient faire que la maladie ne fût plus une catastrophe pour l'ouvrier.

Mais tant qu'elles reposeront sur la philanthropie et la charité, elles ne constitueront qu'un secours insuffisant et incertain.

Les coopératives permettent à l'ouvrier de se fournir du détail au prix du gros, — elles lui sont d'une utilité certaine, — mais beaucoup d'entre elles sombrent dans des tentatives de les faire servir à d'autres buts.

Les caisses de grève sont toujours insuffisantes pour subvenir à tous les frais que celles-ci entraînent, et puis la grève se déclare par emballement, généralement au moment le plus défavorable pour l'ouvrier et sans que ses précautions soient prises pour pouvoir vivre seulement huit jours sans travailler.

Tout cela, l'ouvrier le sait bien. Aussi, découragé, se retourne-t-il du côté du gouvernement et lui demande-t-il de faire pour lui tout ce qu'il ne peut faire lui-même.

Il aurait plutôt fait de le prier de demander pour lui une augmentation de salaire à son patron. Ce serait aussi logique et plus efficace.

C'est cependant dans ces ménages aux ressources mal assurées que naissent le plus grand nombre d'enfants, par rapport aux autres classes de la société.

Mais le manque de bien-être et quelquefois du nécessaire, l'ignorance de toute hygiène causent un déchet rapide dans cette population infantile, surtout dans les villes.

Restent les campagnes où le travail ne manque jamais, où la grève est inconnue, la maladie plus rare et moins désastreuse, les frais d'existence moins élevés. C'est là particulièrement au bord de la mer, en Bretagne, qu'on peut voir grouiller des troupes d'enfants nu-pieds, nu-têtes, semblables avec leur peau hâlée sur des membres grêles, vigoureux et souples à de petits bronzes Florentins, hardis, effrontés, pillards, robustes à toute épreuve, et à douze ans buvant déjà de l'eau-de-vie. L'alcool, c'est la plaie de cette population si abondante et si entreprenante.

C'est lui qui rend ces gens brutaux, imprudents, insoucieux d'apprendre, de sortir de leur routine et de leur misère qui les courbe, dociles, sous l'abrutissante tradition théocratique. C'est pour boire de l'eau-de-vie qu'ils vont à Terre-Neuve et en Islande risquer à chaque minute leur vie en échange de quelques centaines de francs dont une partie est bue avant l'embarquement et l'autre sera bue au port de retour.

« C'est à cette grande pêche que se forment les marins » lisons-nous avec stupéfaction dans des discours officiels, tandis que la vérité est que la bonne moitié des hommes qu'on embarque sont des manœuvres, des hommes des champs ne sachant ni nager, ni manier un aviron, mais auxquels il suffit de tenir à la main plusieurs lignes et de dépecer proprement un poisson.

Quand les goëlettes reviennent avec leur chargement de morues, la moitié de l'équipage est ignorante de toute manœuvre et ne compte que comme passagers ; pour les autres, les vrais marins, ils sont ivres, ivres-morts, à peu près tous, et le navire s'en va presque à l'aventure sous la sauvegarde du capitaine plus habitué aux excès et de l'homme de barre qui s'efforce de retrouver un peu de sang froid.

Quoi d'étonnant qu'il y ait tant d'abordages, tant de navires jetés à la côte, ou donnant sur un écueil, dans de telles conditions. Quoi d'étonnant qu'il en reste tant en route, de ces beaux enfants devenus des pêcheurs d'Islande ou de Terre-Neuve.

Mais il y en a tant ! Dans certains villages de la côte bretonne, la moyenne des familles est de neuf enfants.

Et dans les terres, il en est presque de même. Ceux-là, ceux des terres, viennent fournir à nos grands centres usiniers des environs de Paris, à Creil et surtout à Saint-Denis les manœuvres dont on a besoin pour les industries où la machine ne peut encore faire tout le travail. C'est eux qui acceptent les besognes abrutissantes, dangereuses et peu rémunérées auxquelles répugnent les ouvriers plus cultivés ou moins misérables.

Ils font cela dans l'espoir d'amasser peu à peu de quoi revenir un jour au pays posséder un lopin de terre qu'ils cultiveront et où ils élèveront une famille.

Mais la fatigue excessive et surtout le manque de confort et de sommeil amènent le besoin d'excitant, ils goûtent à l'absinthe, s'y habituent et peu à peu minés par le poison, deviennent tuberculeux ou déments.

S'ils guérissent, ils créeront des enfants débiles ou détraqués, et ainsi dégénère la race de plus en plus.

Dans d'autres circonstances, les travailleurs des champs, l'homme et la femme, sont conduits par la nécessité de travailler au dehors, à mettre les enfants en garde dès leur naissance. C'est généralement la grand'mère ou une sœur qui s'en charge.

Elevés à l'ancienne mode du gavage précoce, ces enfants périssent en grand nombre, et parmi ceux qui restent, beaucoup sont rachitiques ou maladifs.

Ainsi, si dans la classe pauvre, on ne regarde pas comme le font les riches, à avoir beaucoup d'enfants, le résultat n'est, somme toute, pas beaucoup plus brillant, puisque sur cette nombreuse population d'enfants, une notable partie n'atteint pas deux ans, et que parmi ceux qui vivent, un bon nombre subissent des tares qui sont les conséquences de l'alcoolisme des parents ou des mauvaises conditions de leur existence de nourrisson.

Le tableau est sombre, dira-t-on. Il est exact, et il fait comprendre pourquoi notre population française va en se raréfiant avec une effrayante rapidité.

Nous n'avons fait qu'en exposer les motifs

sous leurs aspects divers dans les différentes classes de la société et les divers milieux.

Mais on peut les résumer ainsi :

Celui qui ne possède rien, aucun capital, se soucie peu qu'un plus ou moins grand nombre d'enfants survienne, puisqu'il ne craint pas de morceler un héritage qu'il n'a pas eu et qu'il ne laissera pas.

Dès qu'au contraire un père de famille a pu avoir ou amasser quelque bien, il tient à ce que ce bien ne soit pas divisé en un grand nombre de parts qui lui feraient perdre toute sa valeur : donc il restreint le nombre de ses enfants.

La preuve de l'exactitude de cette conception est qu'elle se vérifie non seulement dans les diverses classes sociales, mais dans les diverses populations parvenues à des degrés de civilisation différents.

En général les peuples pauvres, habitant des pays au climat rude, ignorants du bien-être et vivant péniblement de maigres cultures, de l'élevage des animaux, de la chasse et de la pêche, ont de nombreux enfants.

Dans les plaines fertiles où le travail fournit sans peine à l'homme tout ce dont il a besoin non seulement pour vivre, mais même pour goûter toutes les jouissances que donne la satisfaction de tous les besoins, la population s'accroît de moins en moins et finit par diminuer.

Il suffit de rappeler ces faits, que relèvent toutes les statistiques et qui sont reproduits dans tous les ouvrages. — Ils sont d'ailleurs en accord avec ce qu'on observe dans le règne animal et le règne végétal. — L'animal apprivoisé se reproduit plus malaisément qu'à l'état sauvage.

Les fleurs cultivées perdent un certain nombre de leurs étamines qui sont remplacées par autant de pétales ; elles deviennent doubles, à la satisfaction des horticulteurs, mais cette augmentation d'enveloppes colorées se fait aux dépens des organes de reproduction qui finissent, chez les plus belles, par s'atrophier et disparaître.

Il est décevant de penser que l'homme ne puisse échapper à cette loi fatale, et que, lorsqu'il parvient, par une culture incessante, à développer son cerveau et à dominer les obstacles que lui oppose la nature, il soit condamné à voir sa race s'éteindre peu à peu, tandis que de nouvelles troupes d'hommes, encore mal dégrossis mais prolifiques, entreront en lutte à leur tour, ne bénéficiant que peu des résultats acquis.

Ne peut-on pas entrevoir qu'il arrive un stade dans l'histoire de l'humanité, où se succèdent des générations héritant des conquêtes faites sur la nature brute par les générations précédentes de façon que l'amélioration de la race se poursuive sans arrêt et surtout sans recul ?

Le principal obstacle est que l'homme est généralement plus soucieux de léguer à ses enfants un capital pécuniaire qu'un capital de santé, d'intelligence et de raison.

Les hommes qui ont réussi à faire fortune oublient, quand ils sont pères, leur propre histoire.

Ils veulent que leurs enfants n'aient pas besoin de travailler pour vivre et leur suppriment
ainsi le seul mobile qni les a poussés eux-
mêmes à s'élever au-dessus des gens de leur
classe. — Combien ils seraient plus avisés en
profitant de leurs ressources pour procurer à
leurs enfants toute l'instruction possible, et
l'éducation qui permet le meilleur développement des muscles et du cerveau, et ainsi les
mieux armer que leurs contemporains dans la
lutte pour la vie.

Ainsi se constituerait une aristocratie vraiment digne de ce nom, ne reposant pas sur la
seule naissance ou la faveur.

Mais encore faudrait-il que l'enfant s'y prêtât;
qu'il en eût l'étoffe. — Pour cela, il ne faut pas
que celui qui a réussi à s'élever au-dessus de
la multitude se croit tenu d'épouser une riche
héritière ou une aristocrate.

Celle-ci lui apportera une grosse dot, des relations utiles ou agréables, mais aussi un système
nerveux déjà épuisé par des générations d'ancêtres ayant eu trop de fatigues intellectuelles
et trop de jouissances.

Il lui faudrait au contraire choisir une femme
dans les races neuves: la fille d'un travailleur
des champs intelligent et pas alcoolique ou d'un
ouvrier sobre et bien équilibré.

Ainsi aurait-il toutes chances de procréer des
enfants sains, vigoureux, bien doués et susceptibles de recevoir la plus complète culture.

Cette culture, il emploierait tous les moyens

pour la leur donner et ne reculerait devant aucune dépense, d'autant que cela constituerait leur seul capital, leur seul héritage.

Aussi, loin de chercher à limiter le nombre de ses enfants, un père de famille ne pourrait-il que désirer en avoir le plus possible, comptant que ses enfants seront aptes à tenir un rang distingué dans la société, de par leur race et leur éducation.

Voilà ce qu'il faudrait persuader aux pères de famille riches ! Mais combien d'entre eux consentiraient à priver leurs enfants d'héritage matériel ?

Cependant la trop grande mortalité infantile dans la classe pauvre réclame d'autres mesures que nous avons passées en revue dans notre ouvrage « L'Hygiène de l'Enfance ». Nous n'y reviendrons pas ici.

CHAPITRE II

L'ÉDUCATION DES FILS UNIQUES

Sommaire :

Elle exige des parents un ensemble de qualités difficile à réaliser, car il leur faut savoir observer,
étudier, comprendre l'enfant, tout en le laissant apprendre par sa seule expérience personnelle ce qu'il
doit et ne doit pas faire. — Le meilleur moyen d'obtenir ce résultat est de faire rentrer le fils unique
dans les conditions des enfants de nombreuse famille
en le laissant vivre le plus possible avec d'autres
enfants.—Il faut en outre que les parents considèrent
l'éducation dans un esprit scientifique, c'est-à-dire
dépourvu de toute religion.

L'éducation des enfants dans les familles peu
nombreuses, et particulièrement des enfants
uniques, réclame de la part des éducateurs ou
des parents une intervention plus directe et plus
fréquente.

Ce besoin d'intervention est naturellement
ressenti par tous les parents qui se trouvent
dans ce cas, mais elle ne se produit pas de la
façon la plus utile, bien loin de là. Généralement les parents qui n'ont qu'un ou deux enfants, les accablent de leur surveillance inquiète
et tatillonne, les suivent dans la promenade,
assistent à leurs jeux, écoutent leurs conversa-

tions, ne peuvent résister au besoin de réprimer tout ce qui, dans leurs actes ou dans leurs paroles, n'est pas strictement conforme à ce qui devrait être, suivant leur sentiment.

« Tiens-toi donc droit, marche comme il faut, ne mets pas les mains dans tes poches, arrange ton chapeau, tu vas te salir les pieds, prends garde aux cailloux !! »

Voilà ce qu'entend à chaque minute l'enfant qui est parti à la promenade avec plaisir et qui en revient maussade et dégoûté d'y retourner.

S'il interroge, les parents font rarement une réponse que l'enfant comprenne de suite ou qui le satisfasse complètement. S'il pousse plus loin son interrogatoire, cela agace les parents qui s'en débarrassent par un : « je ne sais pas », ou « cela ne regarde pas les petits enfants », ou « tu es trop jeune pour comprendre », et finalement : « tu m'ennuies ».

Si pour se distraire d'autre façon, l'enfant tente l'escalade d'un fossé, ou s'essaie à sauter, ou court à perdre haleine, vite les parents effrayés interviennent : « tu vas te faire mal » ou « te mettre en nage » et coupent court à ces velléités de mettre en action ses muscles, d'expérimenter sa force ou son adresse.

En d'autres moments les parents comblent de caresses l'enfant, surpris, n'en comprenant pas le motif qui réside simplement dans un besoin d'affection ou de consolation causé par des soucis, des chagrins ou des ennuis.

Les parents se croient les meilleurs éducateurs

qui puissent exister s'ils veillent avec le plus grand soin à ce que l'enfant n'ait jamais froid, qu'il ne soit exposé à aucune douleur, à aucun choc, et à l'abri de tout accident.

Ainsi forment-ils un être inactif, peu développé, inapte à aucun exercice physique, incapable de se défendre et de se prémunir du moindre danger, de se débrouiller dans n'importe quelle circonstance. Dès que la tutelle dans laquelle il a été élevé cessera, il sera désorienté jusqu'à ce qu'il ait acquis, à ses dépens et à un âge où il ne devrait plus avoir à le faire, cette expérience de la vie qui lui est indispensable et à laquelle des parents imprévoyants l'ont soustrait maladroitement.

Qu'on laisse au contraire éprouver à l'enfant les conséquences naturelles de ses actes ; éprouver lui-même que les épingles piquent, que le feu brûle, que tomber fait mal, il prendra vite garde à ne pas se piquer, à ne pas se brûler, à ne pas tomber.

Il serait oiseux et trop aisé de multiplier ces exemples — mais il est indispensable aux éducateurs de bien se pénétrer de la nécessité qu'il y a à pratiquer ce système dans son intégrité.

Leur rôle consiste seulement à mettre hors de portée de l'enfant des objets dangereux, armes, instruments, etc..., à ne pas laisser l'enfant seul dans une chambre où il y a un foyer sans garde-feu, ou une fenêtre sans grillage, ou près d'un escalier sans barrière de manière à éviter les accidents graves.

Remarquons que dans tous ces cas, comme dans tous ceux où l'enfant peut courir un réel danger, il se trouve placé dans des conditions sortant de la nature.

Ceci revient à dire que la meilleure façon de bien élever les enfants, sans risques graves pour eux et sans une surveillance trop attentive de la part des parents, est de les élever à la campagne en les laissant s'ébattre librement dans une prairie bien enclose quand le temps le permet, ou sinon dans une pièce nue au rez-de-chaussée ou bien fermée.

Placé dans ces conditions, naturelles, normales, l'enfant commencera sans inconvénients l'étude de ce qui l'entoure, étude qu'il poursuivra durant toute sa vie.

« C'est par l'expérience acquise des conséquences naturelles de leurs actes qu'hommes et femmes sont arrêtés sur la pente du mal.

« Après que l'éducation domestique est finie, et qu'il n'y a plus là de parents et de maîtres pour défendre ceci et cela, il reparaît une discipline semblable à celle par laquelle le petit enfant a appris à diriger ses mouvements. » (Herbert Spencer.)

Cette discipline s'apprend surtout dans les rapports des enfants entre eux. — Il faut donc favoriser ces rapports, le plus possible, quels qu'en paraissent être les inconvénients au point de vue de la « bonne éducation », au sens où l'entendent les manuels de la civilité non puérile, mais honnète.

Tandis qu'on est convaincu que, pour savoir gagner sa vie dans ce monde, il faut avoir passé par une préparation laborieuse, on paraît croire que, pour élever des enfants, aucune préparation n'est nécessaire.

Tandis que le jeune homme emploie des années à acquérir ce genre de connaissances dont le principal mérite est qu'elles constituent « l'éducation d'un homme du monde », et la jeune fille, ces talents d'agrément qui feront d'elle l'ornement des soirées, ils ne donnent pas une heure aux études qui pourraient les mettre en état de remplir le devoir le plus grave de tous : le gouvernement de la famille.

Est-ce donc qu'il est aisé à remplir ?

Au contraire, de toutes les fonctions de l'homme celle-ci est la plus difficile.

Est-ce donc que l'on peut compter que tout jeune homme et toute jeune fille acquerront d'eux-mêmes, par leur propre initiative, les connaissances nécessaires à l'accomplissement de leurs futurs devoirs comme parents ? Point du tout ; car d'abord, on ne reconnaît même pas la nécessité d'acquérir ces connaissances, et de plus la complexité du sujet est telle que l'art d'élever des enfants est celui dans lequel on a le moins de chance de réussir à se former soi-même.

En l'absence de cette préparation, le gouvernement des enfants, et particulièrement leur gouvernement moral, est lamentablement mauvais. Où les parents n'y pensent pas du tout, ou leurs conclusions sur cette matière sont erronées ou illogiques. Dans la plupart des cas, et surtout de la part des mères, la manière de traiter les enfants dans chaque occasion qui se présente, est celle de l'impulsion du moment. Elle n'émane aucunement d'une conviction raisonnée de ce qui convient au bien de l'enfant, mais simplement du sentiment, bon ou mauvais, qu'éprouvent les parents ; et elle varie d'heure en heure avec ces sentiments eux-mêmes.

Ou si, aux inspirations du caprice se joint quelque doctrine, quelque méthode définie, ce sont les doctrines et les méthodes héritées du temps passé, suggérées par nos souvenirs d'enfance, adoptées sur la foi des nourrices et des domestiques, méthodes trouvées non par la science, mais par l'ignorance des temps.

Lors même qu'il serait vrai que, par quelque système d'éducation morale encore à trouver, on pût façonner les enfants sur le modèle désirable, et lors même qu'on pourrait faire adopter ce système à tous les parents, nous serions encore loin d'atteindre l'objet en vue.

On oublie que l'application d'un pareil système suppose de la part des adultes un degré d'intelligence, de bonté, d'empire sur soi-même que personne ne possède. L'erreur de ceux qui discutent les questions d'éducation domestique consiste à attribuer tous les défauts, à imputer toutes les difficultés aux enfants et rien aux parents.

En ce qui touche au gouvernement de la famille, comme en ce qui touche au gouvernement

de la nation, on suppose toujours que les vertus sont du côté des gouvernants, et les vices du
côté des gouvernés. A en juger par les théories
d'éducation, il semble qu'hommes et femmes
soient transformés, aussitôt qu'on les envisage
en tant que pères et mères.

Nous voyons tous les jours que les gens avec
lesquels nous avons des relations commerciales,
ou que nous rencontrons dans le monde, sont
des êtres imparfaits. Dans les scandales journaliers, dans les querelles entre d'anciens amis,
dans les banqueroutes, dans les procès, dans les
rapports de la police, nous avons tous les jours
la preuve de l'égoïsme, de l'improbité, de la
brutalité générale ; et cependant, quand on critique la mauvaise conduite des enfants, on semble tenir pour un fait établi que ceux qui les
élèvent, et qui ne sont autres que tous ces pê-
cheurs-là, n'ont aucun tort dans la façon dont
ils se comportent à l'égard de leurs fils et de
leurs filles.

Ceci est si vrai, que, pour notre part, nous
n'hésitons pas à imputer aux parents la plus
grande partie des désordres domestiques qu'on
attribue ordinairement à la perversité des enfants. Nous ne disons point qu'il en soit ainsi
chez les personnes bienveillantes et maîtresses
d'elles-mêmes, au nombre desquelles nous espé-
rons pouvoir ranger la majorité de nos lecteurs ;
mais nous affirmons que cela est vrai de la
masse.

Quelle sorte de culture morale peut donner

une mère qui a l'habitude de secouer rudement
son enfant quand il ne veut pas têter, chose que
nous avons vue de nos propres yeux ? Quel
sentiment de la justice un père pourra-t-il inculquer quand, averti par les cris de son enfant,
que celui-ci a le doigt pris dans une porte, il
commence par le battre au lieu de le délivrer?
Le fait nous a été affirmé par un témoin oculaire.
Exemple plus stupéfiant encore et garanti par
un témoin direct : un enfant est rapporté à
la maison avec une jambe cassée, et on l'ac-
cueille par des coups! Quel espoir peut-on con-
cevoir de l'éducation morale de cet enfant? Il
est vrai que ce sont là des cas extrêmes, des cas
qui dénotent dans l'être humain la présence de
cet instinct aveugle qui porte la brute à détruire
ses petits quand ils sont malades ou blessés.

Mais, si extrêmes qu'ils soient, ils offrent des
types de sentiments et de procédés qu'on observe tous les jours dans beaucoup de familles.
Qui n'a vu bien des fois un enfant être frappé
par une bonne ou par des parents, à cause de
sa maussaderie, maussaderie dont sa santé est
probablement la cause? Qui n'a entendu une
mère, quand elle ramasse brusquement un pauvre petit tombé par terre, l'appeler petit sot avec
une irascibilité qui présage pour tout l'avenir
une suite sans fin d'aigres réprimandes? Et le
ton dur sur lequel un père ordonne à son fils de
se tenir tranquille ne montre-t-il pas combien il
est loin d'entrer dans sa manière de sentir?
Est-ce que les contrariétés perpétuelles et inu-

tiles qu'on fait souffrir aux enfants, par exemple : l'ordre de s'asseoir, quand chez une petite créature si active, l'immobilité doit produire une grande irritation nerveuse ; la défense de regarder par les portières en chemin de fer, quand c'est là pour un enfant intelligent une privation sérieuse, est-ce que tout cela n'indique pas une terrible absence de sympathie ? La vérité est que les difficultés de l'éducation morale ont une double origine, et qu'elles proviennent à la fois des parents et des enfants ; si la transmission héréditaire est une loi de la nature, comme le savent tous les naturalistes, et comme le redisent l'expérience de tous les jours et les proverbes des nations, dans la moyenne des cas, les défauts de l'enfant sont le reflet des défauts des parents. Nous disons la moyenne des cas, parce que le fait de transmission se trouvant compliqué par l'influence des ancêtres éloignés, il ne peut être vrai que d'une façon générale. Et si dans la moyenne des cas, cette hérédité de défauts existe, les mauvaises passions que les parents ont à combattre chez leurs enfants sont précisément celles qu'ils ont eux-mêmes. Cela peut n'être point aperçu du dehors, cela peut-être couvert et caché par d'autres sentiments ; mais cela est. Donc, évidemment, on ne peut espérer voir régner un système idéal de discipline : les parents ne sont pas assez bons pour cela.

Si cette conviction pouvait pénétrer le cerveau de tous ceux auxquels naissent des enfants, ils en retireraient l'avantage primordial de douter d'abord du droit absolu d'autorité qu'en général ils s'adjugent sans hésitation — puis d'hésiter sur le choix du meilleur mode d'exercer cette autorité restreinte.

Ils se demanderaient comment faire pour bien faire? puis qu'il n'est pas prouvé que suivre aveuglément l'exemple commun et agir sans réflexion constituent toute la règle d'un bon éducateur.

Ils chercheraient ainsi à s'instruire et à réparer tardivement la regrettable lacune qu'a laissée dans leur propre éducation l'imprévoyance de leurs parents.

C'est à ces parents, désireux de s'éclairer et regrettant de n'avoir pas aisément les moyens de l'être, que nous nous adressons.

L'éternelle erreur des pédagogues les plus instruits et les plus exercés est de poser comme axiome — « qu'il faut avant tout développer dans le cerveau de l'enfant la faculté d'abstraction » — c'est-à-dire l'habituer en quelque sorte à faire l'opération mentale courante en mathématiques qui consiste à représenter les objets par des signes sur lesquels les opérations à effectuer sont ensuite très simplifiées.

Il est très juste de poursuivre ce but, mais il est nécessaire d'attendre pour imposer cet exercice à l'enfant, que son esprit soit assez cultivé, son intelligence assez assouplie pour qu'il ne manque jamais de « substituer mentalement la chose définie à la définition », suivant le précepte de Pascal trop souvent oublié.

Autrement dit, il ne faut pas que dans la substitution d'un signe figuratif et conventionnel à un objet concret, la conception de cet objet disparaisse si complètement que l'enfant cesse de savoir ce dont il s'agit.

Dans ce cas, il ne fait plus qu'un travail machinal, qu'il accomplit bien ou mal suivant que sa mémoire est plus ou moins bien cultivée et qui, en tous les cas, est en définitive non seulement inutile mais nuisible.

Tel est malheureusement presque toujours le résultat de l'instruction donnée aux jeunes enfants par de grandes personnes.

Il faudrait à celles-ci des trésors de patience inépuisables en quelque sorte, pour se garder toujours de devancer l'enfant, mais veiller au contraire à se laisser interroger par lui.

Il faudrait que cette grande personne eût d'abord su conquérir l'absolue confiance de l'enfant — ce qui n'est pas, certes, chose facile. Un seul mot prononcé ironiquement ou pouvant être ressenti comme tel par l'enfant, supprime pour longtemps toute liberté de parole chez celui-ci ; de même l'absence de réponse, précise à son point de vue, à une question de l'enfant lui laisse croire qu'il n'obtiendra pas de son éducateur une meilleure solution à d'autres problèmes qu'il agite, et le détourne de les lui proposer.

Enfin des réponses en termes qui ne soient

pas rapidement et complètement compréhensibles pour l'enfant le rebutent et le font tomber dans un silence de mauvais augure.

Telles sont les difficultés, presqu'insurmontables surtout parce qu'elles se renouvellent à chaque instant, qu'aurait à vaincre un éducateur soucieux de favoriser le développement normal de l'intelligence d'un enfant.

Quand on lit l'Emile de Jean-Jacques Rousseau, l'impression est qu'on ne sait qui l'on doit plaindre le plus : ou de l'éducateur duquel l'auteur réclame un ensemble de qualités extra-humaines — ou de l'enfant dont tous les actes, toutes les sensations, tous les gestes sont analysés en vue de la meilleure direction à lui imprimer.

Cet ouvrage renferme parfois des idées parfaitement justes et dont il faut admirer la hardiesse en songeant qu'il a été écrit il y a plus d'un siècle, alors que la méthode scolastique régentait toute l'éducation et qu'on ne connaissait d'autres bons maîtres que les religieux et principalement les Jésuites.

Jean-Jacques Rousseau comprend que la « meilleure des utilités est l'art de former des hommes ». Il conseille aux maîtres de « commencer par mieux étudier leurs élèves — car très assurément ils ne les connaissent point ! » Mais, entraîné par la fausse conception du naturisme qui domine toute sa philosophie, il pose comme principe que « tout est bien, sortant de l'Auteur des choses, tout dégénère entre les mains de l'homme » ce qui n'empêche qu'il ne laisse aucunement ensuite à son pauvre Emile la facilité de se développer naturellement en toute liberté.

Son gouverneur le surveille incessamment durant la journée et même pendant son sommeil, dirige ses jeux, y participe et fait en un mot tout ce qui est humainement possible pour s'assimiler à l'enfant dans le but de l'assimiler par la suite à lui-même.

Il suffit de mettre à nu brièvement le système, dépouillé des nombreuses propositions incidentes dont la justesse empêche de sentir le néant de la conception principale, pour juger combien il est faux et irréalisable.

J.-J. Rousseau se proposait en écrivant l'Emile « moins de détruire que d'édifier » — le résultat qu'il a atteint est tout l'opposé.

Cédant, malgré ses intentions, à sa tendance naturelle, il a formulé contre les préjugés et la routine des critiques qui sont autant de chefs-d'œuvre et a fait en cela une œuvre utile qu'il faut imiter et poursuivre.

Mais quand il s'est agi d'édifier, on peut considérer que la substitution du gouverneur le mieux choisi aux pédagogues habituels est un bien mince avantage.

En proposant ce système, J.-J. Rousseau, obéissait encore, sans s'en rendre compte, à ce besoin d'autorité contre lequel il s'élève dans toute son œuvre.

Cette autorité qu'il critique tant chez les

autres, il la veut plus intelligente, plus approprisée à l'enfant, mais il n'imagine pas qu'elle puisse ne pas exister.

Depuis J.-J. Rousseau, la méthode d'autorité qu'il a contribué à saper, apparaît de jour en jour plus fausse et plus nuisible à un plus grand nombre d'esprits.

L'œuvre des grands philosophes du dix-huitième siècle, de Voltaire et de Diderot bien plus encore que de J.-J. Rousseau, a contribué puissamment à libérer les esprits en leur faisant admettre sous une forme plus frappante, plus humaine, l'éternelle vérité énoncée par les penseurs de tous les temps et de tous les pays, depuis Confucius jusqu'à Descartes : à savoir que la seule valeur de l'esprit humain est de rechercher la vérité et pour cela de fortifier la raison.

Mais de tous temps aussi a existé et s'est développée parallèlement sa tendance inverse et bien humaine à se consoler de son impuissance et des difficultés qu'on éprouve à toujours chercher le vrai en toutes choses et à se conduire par ses propres moyens, en s'abandonnant aux soins de puissances qu'on imagine infiniment supérieures et infiniment bonnes.

En un mot la religion a été l'éternel recours des esprits incapables ou fatigués de raisonner.

L'histoire entière de l'esprit humain n'est que la suite des combats livrés entre les hommes qui veulent raisonner de tout et de ceux qui n'admettent pas qu'on raisonne de certaines choses qui sont justement considérées comme primordiales.

Cette lutte n'est jamais si âpre que lorsqu'elle s'exerce dans l'esprit de chaque homme en particulier, tiraillé entre les certitudes que lui donne son jugement et les croyances qu'on lui a inculquées.

Rien ne peut mieux affirmer la valeur de la raison de l'homme que de voir cette raison se développer malgré tout ce qu'on fait pour l'étouffer, la détruire ou la fausser depuis la naissance de l'enfant jusqu'à l'âge où il conquiert son indépendance.

Quel magnifique épanouissement ne prendrait-elle pas, dès lors, si l'on s'attachait dans l'éducation de l'enfant à en favoriser le libre et normal développement avec autant de soin qu'on en a mis jusqu'ici à lui créer d'obstacles !

Le principal des obstacles est évidemment la religion qui enseigne au jeune être, ignorant et curieux de toutes choses, qu'en dehors de ce qu'il perçoit avec tous ses sens, il est des forces surnaturelles, invisibles, inappréciables, avec lesquelles il doit avant tout compter ; que pour se rendre favorables ces puissances mystérieuses, il doit suivre certaines règles qu'on lui expose dans un langage dont il ne comprend pas le sens ; enfin que, faute de s'y soumettre, il sera exposé à des châtiments dont on rend au contraire les descriptions aussi frappantes que possibles pour l'imagination de l'enfant.

Tous les hommes civilisés, à l'esprit libre et

au sens droit, à notre époque, sont d'accord pour répudier de telles doctrines — notable progrès si l'on songe qu'il y a un siècle, cette indépendance d'esprit ne se rencontrait que chez une minorité, et qu'il fut un temps où on brûlait vifs ceux qui osaient l'avouer.

Malheureusement la conviction de ces hommes que tout doit être soumis au raisonnement ne va pas jusqu'à leur donner le courage de résister aux habitudes courantes.

Ils écrivent, expriment et manifestent publiquement leur indifférence à l'égard de toute religion, mais n'osent élever la voix à la maison pour demander qu'on n'en impose pas une à leur enfant encore à la mamelle.

Est-il cependant de plus révoltant abus de l'autorité, de plus scandaleuse manifestation de l'esprit de secte, que cette main-mise sur l'enfant qu'on [enrôle, avant qu'il n'ait sa connaissance, dans les rangs de telle ou telle organisation religieuse, et qu'on marque du sceau et du geste consacrés comme membre à vie de tel troupeau!

Libre à cet enfant devenu grand, dira-t-on, d'échapper à la domination qu'on lui a imposée sans son consentement, de ne pas tenir une promesse qu'il n'a pas donnée lui-même.

Il n'en reste pas moins que cet enfant n'est pas libre — il lui faut se libérer — il a subi une empreinte qu'il doit effacer, il a dans la mémoire des paroles qu'il lui faudra oublier — on a plié son esprit à voir les choses sous un certain angle, — il devra le redresser.

L'éducation qu'on lui a imposée a été une lutte entre la vérité que ses sens lui indiquaient et les conventions religieuses et sociales que ses éducateurs voulaient lui faire prendre pour la vérité. — Sorti de leurs mains, le jeune homme devra, s'il le peut encore, recommencer cette lutte et s'habituer à passer à la libre critique de sa raison tout ce qu'on lui a appris par cœur.

Une plante se développe librement — il prend fantaisie au jardinier de la courber en arceau, en lyre, ou autre forme considérée comme esthétique — et si vous le lui reprochez, il vous répond que dans quelques années vous n'aurez qu'à couper les liens, la plante reprendra sa forme primitive. — Est-ce toujours possible ? ne restera-t-il rien de la forme atroce qu'on lui a donnée ? sa vitalité ne se ressentira-t-elle pas de la torture qu'on lui a imposée ?

Le but de cette pratique religieuse est évident, augmenter l'effectif apparent de telle secte religieuse — marquer aux yeux de la foule sa domination.

C'est avec ces chiffres que les statistiques vous démontrent que la religion catholique compte tant d'adeptes, tant la mahométane ou la boudhique... Combien serait-il plus sincère et plus véridique de dénombrer les partisans de chaque religion en ayant soin d'ajouter, comme ne manque jamais de le faire dans ses énumérations, le bon Rabelais « non compris les femmes et les petits enfants ».

Mais alors combien en resterait-il ?

Les parents ont-ils le droit d'inféoder dès sa naissance le jeune être vivant dans la secte religieuse qui leur plaît, ou leur semble devoir le mieux servir leurs intérêts ?

Il suffirait que tous se posent cette question pour que beaucoup hésitent à la résoudre au détriment de la liberté individuelle la plus évidente.

Mais peu de parents hésitent ou réfléchissent.

C'est une question résolue d'avance par la mode, l'habitude, et l'entourage.

De telle sorte que dans une société qui se proclame composée d'êtres supérieurs aux animaux par la raison, la raison n'a aucune part dans les actes considérés comme les plus importants·

En réalité, les hommes se conduisent comme un troupeau de moutons suivant servilement et sans s'en rendre compte, quelques meneurs dociles eux-mêmes aux ordres du maître.

Dans notre société le maître est le prêtre, les meneurs sont les femmes qui lui sont directement soumises.

L'homme qui se croit et se proclame le maître, achète sa propre liberté d'agir, de dire, et de penser hors de la maison, en sacrifiant celle de l'enfant dont la mère fait ce qu'elle veut, c'est-à-dire ce que veut le prêtre.

Dans une société bien organisée où se poursuivrait le but de développer le plus possible la

valeur individuelle de chaque membre, par où
s'accroîtrait la valeur de la société tout entière,
le premier principe devrait être le respect
absolu de la liberté de l'enfant considérée
comme intangible.

C'est dire que, loin d'étiqueter dès le berceau
chaque nouvel être, et de lui faire subir jusqu'à
l'âge dit de raison, une déformation en rapport
avec cette étiquette, on devrait, au contraire,
attendre que, parvenu à un degré suffisant du
développement normal de son intelligence,
chaque individu choisît librement la religion
à laquelle il lui semble bon d'appartenir, s'il
considère qu'il lui faille une religion.

Jusqu'à ce moment, les parents et les éducateurs devraient observer comme le devoir le
plus sacré de ne jamais entretenir l'enfant
de questions religieuses, encore moins, peser
sur son esprit, de quelque façon que ce soit
pour inciter ses préférences en faveur de telle
ou telle religion ce qui constitue un véritable
abus de confiance de la part des éducateurs, un
abus d'autorité de la part des parents.

Jolie éducation, diront les bonnes âmes, que
celle qui sera donnée aux enfants sans religion
et par suite sans morale !

Pour ceux qui ne se paient pas de mots il
est bien évident que l'enfant ne retient de la
religion que des préceptes incompris et que
la morale qui en découle est tout simplement
immorale.

Que lui donne-t-on en effet comme mobiles de

ses actions. ? La peur des punitions, ou l'attrait des récompenses, ce qui ne tend à rien moins qu'à développer sa cupidité, sa vanité, sa lâcheté — c'est-à-dire à lui faire une âme de valet..

La seule règle qu'on puisse indiquer aux enfants est celle dont se contentait Rabelais pour les habitants de son abbaye de Thélème : « Fais ce que tu voudras. »

Et les parents sages savent bien que dans le cours de l'existence, l'enfant apprendra, pour ainsi dire à chaque pas, que la société nécessite la limitation de cette pleine liberté par le besoin de ne pas gêner celle des autres et de lutter « contre les forces destructives », suivant l'expression de Bichat.

De telle sorte que la conséquence de ce premier principe est qu'il faut, le plus tôt possible, mettre l'enfant librement en contact avec les autres enfants et avec la nature ambiante telle qu'elle est, pour que, de suite, commence son apprentissage nécessaire.

Par exemple, si l'on craint qu'un enfant à l'âge où il commence à marcher, à fureter dans tous les coins et à prendre tout ce qu'il peut empoigner, se brûle ou mette le feu avec des allumettes, croit-on que le meilleur moyen de l'en préserver est de lui promettre un bonbon s'il n'y touche pas et une fessée s'il y touche ?

N'est-il pas plus efficace de le laisser prendre une allumette, la frotter, l'allumer et se brûler vivement les doigts ou même de les lui brûler volontairement afin que le souvenir de cette vive douleur reste indéfiniment lié dans son esprit à la vue des allumettes ?

Ainsi entendue, l'éducation de l'enfant n'est plus l'art de façonner son cerveau suivant la mode régnante ou le plan que se sont tracés d'avance les parents ou les maîtres.

Cela est une illusion de la part des gens qui y croient sincèrement, un mensonge de la part des sectaires qui cherchent par ce moyen à recruter d'autorité des adeptes qu'ils n'obtiendraient pas de leur plein gré.

Les résultats acquis par cette prétendue éducation sont purement apparents et peu durables.

La nature comprimée reprend, dès que la domination cesse, sa direction primitive commandée par la race et l'hérédité.

La crainte des punitions, l'attrait des récompenses, n'ont incité l'enfant qu'à dissimuler ses tendances considérées comme mauvaises et à feindre les sentiments qu'on lui disait bons. Il a trompé ses maîtres, ses parents et est arrivé à se tromper lui-même sur ses véritables sensations, au point que, pour quelques hommes, il devient tout à fait impossible de discerner ce qu'ils éprouvent réellement de ce que l'éducation leur a appris qu'il était de bon ton d'éprouver. De cette folle tentative de façonner l'esprit et le caractère de l'enfant, il ne persiste chez l'adulte que le souvenir d'une révolte intérieure dissimulée avec soin, la nécessité de se libérer d'un amas d'erreurs et de conventions contraires à la nature, et la difficulté de voir clair dans sa propre conscience.

Il est inutile de parler de ceux qui ne se libèrent jamais, des « bons enfants » qui toute leur vie restent de « bons sujets » : dans une société, les domestiques ne comptent pas.

Mais si des parents veulent que leur enfant devienne « un homme », ils doivent le laisser seul, mû par sa curiosité naturelle, diriger en tous sens ses pas chancelants jusqu'à ce qu'il se heurte contre un premier obstacle, dont le souvenir douloureux le gardera à l'avenir — puis essayer ses forces à soulever un objet trop pesant, tentative inutile qui lui fera sentir que ses forces sont très limitées — puis, mû par l'instinct combatif et brutal inné chez l'homme, frapper un autre enfant qui lui rendra ses coups avec usure — ce qui lui apprendra à respecter les autres — puis tirer la queue du chat, qui lui répondra par un coup de griffes, ce qui lui montrera que les animaux ne doivent pas être tracassés.

Ainsi chaque acte sera une leçon, la meilleure, la seule profitable, parce qu'elle est représentée par une sensation dont le souvenir pénètrera. C'est de ces sensations que découle l'expérience et par elle que se fait l'apprentissage de la vie.

Il n'y a pas, il ne saurait y avoir d'autre mode d'éducation véritable.

En réalité cet apprentissage naturel de la vie se fait pour tout enfant, de quelque manière qu'il soit élevé.

Quelles que soient la surveillance d'une mère timorée, l'autorité d'un père à principes, ou la rigueur d'un précepteur attentif à ses devoirs, l'enfant trouve toujours quelque moment pour s'échapper, en un voyage de découvertes à l'aventure ou dans des parties de jeux avec d'autres enfants, avec le double plaisir de jouir de son indépendance et de faire ce qu'on lui a défendu.

C'est grâce à ces fugues de plus en plus fréquentes et prolongées à mesure qu'il avance en âge, que l'enfant prend connaissance de ce qui l'entoure et accroît le thème de ses réflexions.

Ce qu'il faudrait, c'est que ce temps considéré par les éducateurs comme perdu fût reconnu au contraire comme le plus utilement employé, c'est qu'au lieu d'empêcher ces manifestations de l'esprit qui s'éveille et cherche à tout comprendre par lui-même. on lui laissât la plus complète liberté. C'est qu'au lieu de diriger l'enfant dans une voie qu'on s'est tracée d'avance, on le laisse aller dans toutes les voies, sans autre méthode que sa fantaisie, qu'au lieu de le tenir comme un chien en laisse tirant sur sa corde et se laissant traîner en regardant tristement derrière lui, on le laisse gambader à sa guise gaiement, follement, sans suite, changeant de but avant de l'avoir atteint, tombant à chaque obstacle qu'il n'a pas vu, roulant sur lui-même et se relevant de suite pour recommencer la minute suivante.

Evidemment, cette grande liberté est la source

d'appréhensions et d'angoisses de la part des parents et surtout des mères qui craignent quelque accident grave et ne vivent pas, tant qu'elles n'ont pas vu l'enfant rentrer à la maison, bienheureuses quand elles n'ont à constater que des vêtements salis et déchirés ou des écorchures superficielles.

Leurs craintes ne sont pas toujours vaines.

Un bras cassé, une épaule luxée, une forte contusion, sont parfois le prix un peu cher auquel se paie une tentative trop audacieuse, ou une maladresse de débutant.

Pis encore, l'enfant courant au bord d'un étang ou d'une rivière, ou essayant de monter au haut d'un arbre peut se tuer.

Mais l'adresse, la prudence ne s'acquièrent que par des essais personnels, — un grand garçon de quinze ans qu'on laissera libre pour la première fois sera tout aussi exposé à des accidents graves qu'un débutant de quatre ans. — Il le sera même davantage, comptant plus sur ses forces et étant stimulé par l'amour-propre.

Quel que soit l'âge auquel commence l'apprentissage de la vie, c'est-à-dire de la liberté, les risques sont inévitables.

Autant vaut, par conséquent, ne pas retarder cette période qu'il faut fatalement traverser et laisser le plus tôt possible l'enfant se familiariser avec les dangers possibles et s'habituer à les éviter.

Il y a néanmoins certaines précautions à prendre, le bon sens les indique.

La première est d'éviter que l'enfant soit seul dans ses promenades et ses jeux. — Nous avons vu quels sont, à tous égards, les avantages des nombreuses familles.

Il est nécessaire que les parents qui n'ont que peu d'enfants, réunissent presque constamment, leurs enfants à d'autres d'âges variables qui seront pour eux des guides et des gardiens naturels.

Il y aura, de cette façon, plus de coups reçus, plus d'effets déchirés — mais beaucoup moins de blessés sérieux laissés sans secours, et moins de risques d'accidents mortels.

C'est d'ailleurs la loi naturelle que l'enfant vive avec d'autres enfants : elle ne doit pas être transgressée.

Il y a tout avantage à laisser les enfants réunis errer en pleine campagne, aussi loin qu'ils peuvent aller.

S'ils sont enfermés dans un parc ou un jardin entouré de murs ou de grilles, leur premier désir sera d'escalader la clôture pour voir ou s'échapper au dehors, et pour peu que le mur soit garni de morceaux de verre ou que les grilles soient pointues, des accidents graves peuvent se produire.

Rien d'ailleurs n'excite l'imagination des enfants comme la sensation que leur liberté est limitée. — C'est dans ces conditions qu'ils inventent des jeux dangereux et se livrent à des tentatives de témérité folle.

Complètement lâchés dans le territoire commun, ils sont trop occupés de tout ce qu'ils voient de nouveau pour eux pour chercher quelque distraction artificielle. — Ils sont en outre retenus par la crainte d'être grondés par les gens qu'ils rencontrent, s'ils se livraient à quelque excentricité, et se sentent instinctivement portés à bien se tenir comme ils voient tout le monde le faire.

On nous objectera l'exemple de ces bandes de galopins, qui emploient la journée où il n'y a pas d'école à piller les arbres fruitiers, dénicher les nids, casser les carreaux des maisons inhabitées, et commettre mille autres méfaits. C'est que ces enfants-là ne sont pas élevés librement, ils sont comme des chevaux échappés de l'écurie qui éprouvent le besoin de se soulager de leur emprisonnement en abusant de leur liberté momomentanément reconquise.

Le cheval qui a toujours vécu au pré, ne fait pas de ces folles gambades sans motifs, ne fuit pas et ne reçoit pas par des ruades l'homme qui vient le soigner — si celui-ci ne lui a jamais fait de mal.

N'oublions pas que nous nous plaçons toujours dans l'hypothèse (puisque malheureusement ce système n'est pour ainsi dire jamais appliqué) d'enfants qui n'ont encore jamais été soumis à aucune discipline,

Dans de telles circonstances, sauf les cas d'enfants vicieux par hérédité alcoolique ou névropathique, il ne peut y avoir chez les enfants d'autres tendances que celles de chercher à voir toujours du nouveau, à essayer leurs forces et à imiter ce qu'ils voient faire aux grandes personnes.

Aucun jeu n'a pour les enfants autant d'attraits qu'un travail utile qu'on leur laisse faire — sans le leur imposer.

Aider au travail de la maison, s'atteler à une charge qu'il faut traîner, ramasser des fruits, pêcher des têtards ou des grenouilles, en se démontrant à eux-mêmes qu'ils sont bons à quelque chose, sont les plus grandes joies de l'enfant et constituent un exercice des plus salutaires.

Ils y mettent une ardeur, un soin, une gravité qu'on désirerait voir chez les travailleurs salariés et développent ainsi toutes leurs forces physiques et intellectuelles.

Une hiérarchie s'établit d'elle-même parmi eux, les plus âgés ou les plus adroits dirigent les autres qui cherchent à les imiter. — Avec ce sentiment profond de la justice qui domine l'esprit de l'enfant non déformé par l'éducation, la valeur relative de chacun d'eux est nettement reconnue par les autres et sa supériorité acceptée sans réserve.

La force physique a évidemment une grande part dans la manifestation de cette supériorité.

N'en est-il pas de même chez tous les peuples à leur origine ?

Et cependant l'adresse prime souvent, dans leur estime, la force brutale.

Il est facile de vérifier ces faits qui se produisent journellement dans les villes comme dans les campagnes, partout où les enfants peuvent se trouver réunis et non assujettis à la discipline des grandes personnes.

Ils prouvent que l'enfant, loin d'être paresseux naturellement, ressent au contraire un besoin constant et impérieux d'employer son activité surabondante.

Mais il veut que cette activité, cette dépense de force cérébrale ou musculaire produise un résultat d'une utilité immédiatement appréciable.

Il se voit avec dépit forcé de faire travailler son cerveau dans un but éloigné qu'il n'est pas certain d'atteindre. — Il se rebute dès qu'il ne comprend pas du premier coup et ne s'intéresse pas aux questions qu'on lui pose, mais seulement aux questions qu'il se pose à lui-même au sujet des choses qui l'ont frappé ; il voudrait en connaître le sens et les rapports, et il est déçu quand on refuse ou on dédaigne de lui fournir toute explication.

Il se produit ainsi chez l'enfant au début de l'éducation qu'on lui fait subir, un phénomène comparable à ce qu'on voit faire à un jeune animal qu'on attelle pour la première fois. Après qu'avec beaucoup de patience on a réussi à ne pas l'effrayer par les positions insolites qu'on lui fait prendre, le contact des harnais et le poids de la voiture, quand on veut le faire tirer, si la charge est trop lourde pour que la voiture ne roule pas au premier effort, l'animal cesse immédiatement de s'employer. — Ni les coups, ni la voix, ni les caresses n'y feront rien, il se couchera plutôt que de renouveler sa tentative infructueuse.

Eviter à l'enfant tout effort dont il ne voit pas le but immédiat, tout travail dont il ne sente pas l'utilité, toute discipline dont la nécessité ne soit pas évidente à ses yeux, constitue la première règle à suivre vis-à-vis des enfants qui commencent à se développer.

Il faut, au contraire, leur permettre toutes les libertés d'action et de paroles compatibles avec le besoin de repos qu'ont les parents et, par conséquent, les laisser jouir hors de la maison de cette liberté en compagnie des autres enfants.

Il faut n'intervenir que le moins possible pour réprimer un écart et les circonstances dans lesquelles il s'est produit.

La notion du juste et de l'injuste qui domine l'esprit de l'enfant, est une fonction de son cerveau naturellement sain — et ne s'oblitère ou se fausse que par une éducation vicieuse.

Il faut donc que les grandes personnes observent la plus scrupuleuse justice dans leurs rapports avec les enfants, d'abord parce qu'une observation injustifiée peut être imposée d'autorité à l'enfant, mais ne sera pas acceptée par sa conscience. Il en ressentira cette souffrance atroce que procure à l'homme toute injustice dont il est victime et méprisera celui qui la lui inflige.

Ensuite, sa notion primordiale de justice s'affaiblira si ces mêmes faits se répètent et ce sera le plus grand malheur qui puisse résulter de l'éducation qu'on lui impose.

L'action des parents ou des éducateurs sur les enfants qu'ils prennent la charge d'élever consiste donc beaucoup plus à savoir se taire et observer qu'à intervenir à tout propos.

Cela n'est certes pas plus aisé.

Cette abstention est souvent bien pénible à conserver quand on prévoit que telle bêtise va être faite et que d'un mot dit à temps on pourrait l'empêcher, mais l'enfant qui évitera ainsi de commettre à ce moment une bêtise, n'aura rien de plus pressé que de recommencer, dès qu'il échappera à la surveillance, jusqu'au moment où il sera convaincu qu'il a fait une bêtise par les résultats fâcheux qui s'en suivront pour lui-même.

Combien de pédagogues sont, avec les idées régnant actuellement, capables d'agir ainsi ? A plus forte raison, combien de parents ?

L'étude de l'enfant est une véritable science basée sur l'observation scientifique et sur la connaissance très précise de l'anatomie, de la physiologie, du développement normal des êtres vivants.

En admettant qu'un certain nombre de parents possèdent, grâce à des études antérieures, toutes ces connaissances réellement assimilées et aient gagné un véritable esprit scientifique — c'est-à-dire l'habitude devenue absolument nécessaire de soumettre tous les faits à la critique de la raison et de n'agir qu'en vertu d'une opinion raisonnée, en admettant que ces parents n'obéissent en rien à l'usage, au reliquat de l'éducation qu'ils ont reçue, à l'influence religieuse qui se fait sentir dans les moindres actes de ceux qui s'en croient le plus libérés ;

En admettant qu'un homme pourvu de cet admirable état d'esprit, possède encore d'une part une patience, une égalité d'humeur et de caractère qui dépendent surtout de sa santé générale et particulièrement du fonctionnement de son tube digestif ; qu'il ait d'autre part le loisir d'étudier ses enfants comme un horticulteur surveille ses fleurs ;

En admettant qu'un homme réunisse tout cet ensemble de conditions diverses — il faudrait encore que cet homme trouvât en la mère, une femme d'un esprit aussi sain et aussi cultivé que le sien, ou sinon, une femme assez jeune, assez souple, assez dévouée à son mari et confiante en sa valeur pour ne pas contrebalancer son œuvre par une conduite tout opposée.

Il faudrait qu'en face d'un homme sensé, à l'esprit libéré de tout préjugé et insouciant de l'opinion du monde, la femme n'apportât pas dans le ménage un esprit faible, acceptant sans réflexion tous les propos, d'où qu'ils viennent, habituée par éducation à n'oser rien dire ni faire qui soit en contradiction avec l'opinion générale de son entourage, soumise par dessus tout aux principes d'une religion dont son confesseur est le représentant.

C'est à lui qu'elle va demander conseil, confie

ses doutes et ses craintes au sujet de son mari dont les hardiesses d'esprit l'effraient, — c'est de lui qu'elle prend la force de résister ouvertement à son mari ou, si elle est habile, de paraître l'approuver, tout en agissant en cachette, contrairement à ses idées et conformément à la direction indiquée par le confesseur.

C'est ainsi que les enfants de beaucoup d'hommes très sages et sincèrement philosophes reçoivent une éducation purement religieuse, sinon dans la forme, au moins dans les tendances, ce qui est autrement important.

Mais n'est-il pas reconnu comme un axiome que si les hommes peuvent se passer de religion, elle est nécessaire aux femmes et aux enfants ?

Comment espérer dès lors que l'essai puisse être seulement tenté d'élever quelques enfants librement et d'en constater les résultats comparativement à ceux que donne la discipline universellement imposée ?

Il est vrai que cette méthode d'éducation autoritaire a pour les parents l'avantage d'exiger de leur part peu de travail intellectuel.

L'opinion des parents sur les enfants se résume en trois phrases, qu'on entend sans cesse et dans tous les milieux, universellement répétées.

Quand l'enfant est à la mamelle : c'est, « oh ! qu'il est méchant, tant qu'il ne tette pas, il crie, et quelquefois, il vient de téter qu'il crie encore. »

La méchanceté, comme nous l'avons vu dans l'*Hygiène de l'Enfance*, c'est tout simplement la souffrance de l'estomac distendu ou de l'intestin travaillé de coliques, par suite du gavage qu'on impose au pauvre petit être, pour le faire taire.

Plus tard, quand l'enfant commence à courir c'est : « Quel diable ! Il n'arrête pas, il ne cesse de jouer, de fouiller partout, de vous accabler de questions, on en a la tête cassée. » Evidemment cela dérange de grandes personnes tranquilles de supporter les manifestations exubérantes de la vitalité d'un enfant.

Enfin quand il ira à l'école, c'est : « Quel paresseux ! il est le premier pour jouer, le dernier pour apprendre. »

Chacun reconnaîtra bien que c'est l'opinion émise à peu près journellement par tous les parents aux diverses périodes de l'éducation de leurs enfants.

Cette constatation est, pour nous, du plus haut intérêt.

Dans une question où beaucoup de gens ne peuvent admettre qu'on discute le droit absolu qu'ont les parents d'élever leurs enfants comme il leur plaît, il nous semble très utile de montrer comment les parents sont aptes à jouer ce rôle d'éducateurs qu'ils s'attribuent comme conséquence naturelle et évidente de la paternité.

Eh bien, il est de toute évidence que l'enfant n'est pas plus diable, parce qu'il fait du bruit et aime le mouvement, ni paresseux parce qu'il n'apprend pas volontiers à l'école qu'il n'est méchant à un an parce qu'étant mal nourri, il souffre et crie.

Il se produit dans tous les cas, comme dans toute la période de temps que l'enfant passe en sujétion, un malentendu constant entre le jeune être qui éprouve des sensations, ressent des besoins et désire naturellement les satisfaire, et l'homme adulte qui se croit chargé de les réprimer, ne se souvenant plus de ce qu'il a éprouvé lui-même étant jeune ou plutôt se rappelant qu'on a exercé vis-à-vis de lui à ce moment la contrainte que par suite il se croit tenu d'exercer à son tour.

S'il y a paresse, ce n'est certes pas de la part de l'enfant qui brûle de s'employer et dépense une somme d'efforts proportionnellement supérieure à ceux de dix grandes personnes.

La paresse n'existe que chez les parents qui, après s'être déclarés seuls maîtres de faire de leurs enfants ce que bon leur semble et de les élever comme il leur plaît, commencent par exiger avant tout de ces enfants qu'ils ne fassent aucun bruit, qu'ils ne se salissent pas, ni ne se déchirent, qu'ils ne cassent rien, ne prennent rien, mais ne demandent rien non plus, ne posent pas de questions, ou se contentent de la première réponse qui est généralement : « est-ce que je sais ? » ou « cela ne regarde pas les enfants » ; enfin, qu'ils ne cherchent pas à aller jouer avec d'autres enfants dans la rue, ne courent pas, pour ne pas s'échauffer et transpirer, ce qui les obligerait à les changer.

Le rêve de la plupart des parents est de voir leurs enfants absolument semblables à des poupées en cire, qu'on aurait plaisir à habiller et à parer, parce qu'aucun mouvement désordonné ne détruirait la structure compliquée d'une coiffure esthétique, ni l'ordonnance d'un costume identique à une gravure de modes — qui resteraient des journées entières assis à côté de leur mère, sans parler haut, à jouer sans bruit avec des bouts de chiffons ou des images, et ne traduiraient leurs impressions que par des regards ou des sourires.

Elles existent, malheureusement, ces caricatures vivantes de poupées, petits garçons et surtout petites filles, jolis aux yeux de ceux qui ont le sentiment faussé par la peinture de Bouguereau et la chromolithographie, lamentables pour ceux qui ne peuvent séparer l'idée de beau de la nature saine, vivante et forte — enfants frappés évidemment pour le médecin dans leur vitalité et condamnés à une mort fatale avant l'adolescence.

De sorte que ce qui gêne les parents dans leur tranquillité, c'est la manifestation naturelle de la vitalité des enfants sous toutes ses formes ; ce qui les satisfait c'est l'indolence, l'absence morbide de réaction de certains enfants.

Ils ne reconnaissent à personne le droit d'intervenir dans l'autorité qu'ils exercent sur leurs enfants, mais veulent ensuite que cette charge soit pour eux le moins lourde possible.

Evidemment cela finit par être insupportable pour le père qui travaille à la maison ou s'y repose de son travail du dehors — pour la mère qui s'occupe de tous les soins du ménage — d'entendre hurler du matin au soir des enfants qui dérangent tout, brisent tout, ou les interpellent sans cesse pour leur poser des questions qui leur semblent oiseuses.

Mais alors, pourquoi s'obstiner à vouloir jouer ce rôle d'éducateurs, de mentors chargés de réprimer tout ce qui, dans les expansions naturelles des enfants, n'est pas conforme à l'usage ou aux règles du savoir-vivre, ou à un plan tracé d'avance ?

Chacun doit être à sa place : le père tranquille dans son cabinet de travail ou au coin de son feu, la mère vaquant çà et là à ses occupations ou cousant sans risques de voir son ouvrage bouleversé, les enfants dehors quand il fait beau, dans une pièce spéciale « *la Nursery* » (1), la chambre des enfants, quand il fait mauvais. — De cette façon, chacun sera à son aise, chacun suivra ses goûts et ses besoins sans gêner ceux des autres.

Dans le cas contraire, il y a contrainte et malaise pour tous ; défaut d'entente dans la famille, gronderie et mauvaise humeur de la part des

---

(1) Voir *Hygiène de l'Enfance*.

parents ; bouderie et colère rentrée de la part des enfants. — La maison de famille finit par être considérée par tous comme un enfer d'où chacun a hâte de s'échapper.

Si les parents veulent comprendre que, cette éducation qu'ils jugent nécessaire, ils sont inaptes à la donner, eux et tous les éducateurs de profession — s'ils veulent se persuader que l'éducation véritable qui n'est autre chose que l'apprentissage de la vie ne s'acquiert que par l'usage de la vie menée librement par les enfants en contact avec les autres — s'ils ont le réel courage de surmonter leurs angoisses quand les petits tardent à rentrer, leurs émotions quand ils reviennent blessés ou meurtris — s'ils ont assez de bon sens pour ne pas s'offusquer en constatant chez leurs jeunes enfants le manque de savoir-vivre, l'oubli de certaines formules de politesse et de déférence — ils auront en revanche le plaisir de vivre réellement tranquilles tout en voyant leurs enfants grandir et se forti-fier, manger d'un robuste appétit, bien digérer et bien dormir, manifester une franche gaîté, une affection sans sensiblerie, ni humilité, un désir de tout voir et de tout connaître qui les fait s'intéresser à tout et faire des remarques qui dénotent un jugement droit et une acuité d'observation qu'envient les grandes personnes.

Dans de telles conditions, les parents passent avec leurs enfants, le soir, après la journée finie, les moments les plus agréables qu'il soit donné à l'homme de vivre. Ils écoutent le récit interminable de tous les menus faits qui ont frappé l'esprit de l'enfant, s'initient au travail qui se fait dans leur intelligence, se rendent compte des progrès accomplis en tous sens, s'amusent des locutions si personnelles et si imagées par lesquelles les enfants expriment leurs impressions.

Cela repose les parents de l'hypocrisie des hommes, des soucis de l'existence, renouvelle leur fonds de sincérité naturelle et les réconforte comme le fait le spectacle des vertes prairies ou de l'immensité de la mer pour l'homme fatigué de l'existence urbaine.

Du mot qu'il faut, le père ou la mère redresse un jugement hâtif, ou la manifestation d'un amour-propre par trop développé, répond à une question qui tourmentait l'enfant, le console de quelque déboire, l'encourage dans un essai infructueux.

Ainsi s'établissent dans la famille des liens d'affection solides, qui ne reposent pas sur un devoir pénible à remplir, mais sur le sentiment de l'agrément que les uns procurent aux autres.

Les enfants s'habituent à considérer les parents non plus comme des gens qu'ils doivent infiniment respecter et aimer pour des raisons primordiales qui leur échappent, mais comme les meilleurs des amis, le plus solide et le plus constant des appuis, leurs consolateurs dans leurs chagrins, leurs guides dans l'existence, ceux auxquels on peut avouer toutes les actions, toutes les pensées, toutes les aspirations.

Les parents, sachant que l'enfant remarque tout, voit tout, réfléchit sur tout, veillent à ne rien faire qu'ils ne puissent expliquer aux enfants d'une façon satisfaisante.

Les maladies infiniment plus rares et moins sérieuses chez des enfants grandis en liberté, ne viennent pas jeter l'émoi dans la famille ni grever lourdement le budget.

Le père travaille toute la journée avec entrain, soutenu dans son effort par la pensée du bonheur qui l'attend le soir à la maison. — Il se hâte d'y rentrer dès qu'il le peut, et ne songe ni au café, ni aux camarades, ni aux plaisirs du dehors. — La mère s'occupe de procurer à son mari et à ses enfants tout le bien-être compatible avec les ressources dont elle dispose, et ne trouve pas trop ennuyeux de raccommoder sans cesse des vêtements qui lui reviennent chaque jour déchirés, en pensant que l'enfant y gagne de la santé, de la force, et de l'habitude à se débrouiller seul.

Les enfants reviennent au bercail, harassés, mais joyeux, racontant tout ce qu'ils ont fait, tout ce qu'ils ont vu, sans rien cacher — sachant bien qu'on ne les grondera pas, mais qu'on leur indiquera ce qu'il aurait mieux valu faire ou ne pas faire dans leur intérêt ou dans l'intérêt des autres.

Ainsi s'établit la bonne harmonie qui rend l'existence en famille avec des enfants si délicieuse que cela seul, au monde, mérite qu'on aime la vie et qu'on désire la voir se prolonger.

CHAPITRE III

DE L'ÉDUCATION DES ENFANTS ORPHELINS DE PÈRE
OU DE MÈRE.

———

Sommaire :

Du danger qu'il y a pour les enfants à être élevés par une mère effrayée de la responsabilité qui pèse sur elle seule et incapable de dominer son émotivité, — ou par un père fuyant la tristesse de la maison et laissant les enfants à la charge des domestiques.

Si le rôle des parents dans l'éducation des enfants est difficile à remplir, il devient bien plus pénible quand le père ou la mère viennent à manquer.

La difficulté, dans ce cas, n'est pas pour l'unique parent de pouvoir surveiller constamment l'enfant ou les enfants, mais au contraire, d'avoir assez de force de caractère pour ne pas trop les tenir ou trop les choyer. — Tendances également funestes aux enfants et également naturelles chez une personne qui sent reposer sur elle seule une lourde responsabilité.

C'est en effet ce qui se produit le plus souvent en de pareilles circonstances.

Ou bien les enfants se sentent privés de tout guide, de tout appui, et abusent d'autant plus de leur absolue liberté qu'elle contraste avec le peu qu'on en laisse aux autres enfants avec lesquels il sont en rapport; ou bien ils sont gardés de près par une mère craintive, vivent constamment renfermés pour éviter tout accident, sont maladifs, inhabiles et peu développés et, quand ils peuvent s'échapper, commettent des méfaits ou des maladresses dont ils sont les premières victimes et qui conduisent la mère à redoubler de précautions.

Cette mère peut.être une femme exceptionnellement intelligente et capable de maîtriser ses émotions.

Sauf ce cas rare, les enfants élevés par leur mère seule deviennent le plus souvent de tristes individus. Ce sont des types d'enfants gâtés.

L'éducation par le père seul produit de moins déplorables résultats, parce que, dans ce cas, il y a pour l'enfant plutôt excès que manque de liberté et que la liberté est la première condition du développement normal de l'enfant.

Ce qui manque parfois à l'enfant, dans ce cas, c'est l'appui, le confident et le guide qu'il recherche.

Dans la famille sans mère, l'enfant est bien souvent laissé aux soins d'une domestique par le père qui se persuade qu'une femme est seule capable de s'occuper convenablement d'un jeune enfant et que son rôle à lui ne devra commencer que plus tard, quand l'intelligence de l'enfant sera plus développée.

Cette conception erronée facilite sa tendance

à ne pas prendre souci de ses enfants dès le moment qu'ils sont en bonne santé et pourvus detout ce qu'on a l'habitude de considérer comme leur étant nécessaire.

Ayant ainsi rempli, à son sentiment, tout son devoir, le père partage son temps entre son travail et ses plaisirs et ne séjourne que le moins possible dans une maison qui n'offre que peu d'attraits, sans la mère.

La femme, qui est appelée à suppléer ainsi la mère, se trouve dans la situation fausse d'une gouvernante qui ne peut se faire obéir par un enfant déjà conscient qu'il est le fils du maître, et qu'elle n'est qu'une domestique.

Il arrive que par des prodiges de patience, de tact, et grâce à l'affection réelle qu'elle peut avoir pour l'enfant, cette gouvernante puisse s'en faire aimer, et l'élève très convenablement. Mais alors, ce n'est plus une gouvernante, c'est une véritable mère pour l'orphelin qu'elle traite comme son enfant et qui le lui rend. Ce cas est rare. Le plus souvent c'est à l'office que se passe la jeunesse de ces enfants sans mère.

C'est là qu'on les garde, en l'absence du père, pour pouvoir en même temps manger, faire l'ouvrage et surtout bavarder.

Ce sont ces conversations des gens de service libérés de la contrainte professionnelle qu'écoutent, que comprennent et retiennent, sans qu'on y prenne garde, les jeunes enfants.

On les caresse, on les bourre de friandises, on s'amuse à leur faire goûter du vin ou des liqueurs. Ces gens les aiment à leur façon — loin de les maltraiter, ils cherchent à les amuser, à leur faire plaisir.

On leur raconte, pour les distraire, des histoires fantastiques de revenants qui leur donnent des cauchemars la nuit. On provoque leurs confidences et on s'amuse follement des sous-entendus qu'on y ajoute ; on les fait jouer à perdre haleine jusqu'à ce qu'ils gênent, et alors, qu'ils aient ou non envie de dormir, on les couche, en les menaçant de ne plus les amuser, s'ils ne sont pas sages et surtout s'ils rapportent au père ce qu'ils ont vu ou entendu.

Ils en ont rarement l'occasion, ne connaissant leur père que sous l'aspect d'un homme grave et solennel, en présence duquel ils sont amenés une ou deux fois par jour en tremblant, qui les embrasse ou les caresse du bout du doigt en demandant s'ils vont bien et s'ils ont été sages.

Mais quand le père aime doublement ses enfants privés de leur mère, quand il n'est absorbé ni par son travail, ni par ses plaisirs, quand, surtout, c'est un homme intelligent et sans parti pris, il est à même d'élever très convenablement ses enfants.

Il n'a pas besoin de leur consacrer tout son temps et d'abandonner pour eux toute autre occupation.

Il suffit qu'il songe souvent à eux, les étudie, les comprenne, gagne leur amitié et leur confiance et que, dans les moments qu'il peut leur consacrer, il se montre dénué de toute affectation d'autorité.

En dehors de son rôle de père qu'il remplit comme il l'aurait fait, en présence de la mère, il faut que, pour remplacer celle-ci, il se montre plus accueillant, plus doux, plus camarade, surtout avec les tout petits, les faibles et les filles.

Un des bons moyens de savoir exactement comment traiter les enfants est de les écouter causer entre eux pendant qu'ils jouent et sans qu'ils croient qu'on y prête attention.

Le père fait semblant de lire ou de travailler pendant que les enfants s'occupent comme s'ils étaient seuls.

Il se garde d'intervenir, même pour réprimer une parole malsonnante ou une bataille de peu de durée. — Les enfants s'enhardissent peu à peu à interpeller ce père tolérant et à le faire entrer dans leur conversation et par moments dans leur jeu.

Il le fait volontiers, mais cesse dès qu'il voit qu'ils préfèrent rester entre eux ; à partir de ce moment, la connaissance est faite, de part et d'autre, on sait à qui l'on a affaire.

Les enfants ont conscience que quand le père intervient, c'est que cela est nécessaire, et qu'en dehors de cela, ils peuvent jouir de leur liberté.

Le père sait qu'un mot juste placé à propos suffit pour se faire comprendre.

Avoir un tel père, sans mère, vaut mieux pour les enfants que d'avoir avec lui une mère pusillanime, tremblante ou au contraire grondant sans cesse et abusant de son autorité.

CHAPITRE IV

DE L'ÉDUCATION DES ORPHELINS

Sommaire :

Cette éducation pourrait être excellente si la Société
profitait de l'absence de parents pour donner à ces
enfants, dont elle a seule la charge, une éducation
soustraite à toute doctrine autoritaire. — C'est la
voie que tente de suivre l'Assistance publique depuis
quelques années. — Mais pour bien d'autres enfants,
la perte des parents entraîne l'internement dans les
orphelinats religieux où ils subissent les pires traitements de toutes, sortes sans que la Société in-
tervienne, à moins de scandale public. — A côté
des orphelins se placent les enfants naturels, inno-
centes victimes de l'injustice et de l'hypocrisie
humaines.

La condition des orphelins de père et de mère
diffère beaucoup suivant qu'ils sont recueillis
par d'autres parents qui n'ont pas d'enfants —
ou par des parents qui ont des enfants à eux —
ou qu'ils sont élevés en dehors de toute famille.
— Dans le premier cas, leur situation est le plus
souvent exactement la même que s'ils avaient
leur père ou leur mère. — C'est généralement
une brave femme de tante qui consacre son existence à élever l'orphelin, lui sacrifiant ses goûts,

ses affections et ses rêves d'avenir et se conduisant en tout vis-à-vis de lui comme une véritable mère... mais une mère qui malheureusement gâterait beaucoup. — C'est le cas que nous avons examiné précédemment. — Si l'enfant est recueilli dans une famille où il y a déjà plusieurs enfants, il peut avoir le même sort que si ces enfants étaient ses frères et sœurs — mais il arrive parfois que ce petit pauvre n'a été accepté que pour se rendre favorable l'opinion du monde, et que, dans la famille, on le traite comme un inférieur : qu'on le charge de toutes les besognes répugnantes ou fatigantes et qu'on lui fasse sentir à chaque instant qu'il n'est là que par charité.

Cette situation est d'ailleurs la même que celle des enfants orphelins de mère dont le père se remarie et a de nouveaux enfants. Peu de femmes ont l'âme assez haute pour traiter ces enfants d'une autre femme comme les leurs.

La plupart leur font ressentir les effets d'une jalousie posthume et le dépit de les voir partager le bien de leurs enfants.

L'existence de ces pauvres petits êtres, blessés dans tous leurs sentiments naturels de justice, d'affection et de dignité est un martyre moral souvent doublé d'un martyre physique.

Et cependant, arrivés à l'âge d'homme, ces enfants qui ont grandi sans guide, sous les mauvais traitements, sont généralement plus vigoureux, plus intelligents, plus compatissants aux misères de leurs semblables et réussissent mieux dans l'existence que les enfants avec lesquels ils ont été élevés et auxquels on a réservé toutes les caresses, tous les conseils, toutes les ressources de l'éducation.

Il est des orphelins que personne n'adopte, qu'aucune famille ne recueille, même en les maltraitant. Ils seront élevés, sans famille, dans des pensions coûteuses s'ils sont riches, dans des orphelinats subventionnés par la société ou par des congrégations religieuses s'ils sont pauvres.

Dans tous les cas, ils auront pour remplacer leur père et leur mère, des maîtres et des maîtresses qui peuvent être bons, doux, patients, affectueux ou au contraire exaspérés de faire un métier qui leur déplaît et s'en vengent sur les enfants.

Quels qu'ils soient, ils ne donneront jamais aux enfants l'impression de la vie de famille.

Les enfants ne se livreront jamais avec eux, ne les traiteront jamais en amis.

Ils abuseront de leur patience, si les maîtres sont doux et faibles de caractère.

Ils trembleront devant eux s'ils sont sévères, mais resteront toujours fermés et repliés sur eux-mêmes en présence des maîtres.

C'est entre eux que les enfants se laisseront aller à leurs expansions, avec la crainte d'être surpris et trahis, car les maîtres ont l'habitude d'encourager les délations.

Les enfants élevés ainsi, gardent un désir d'affection pour ainsi dire insatiable, comme s'ils avaient besoin d'une compensation à celle qu'ils n'ont pu épancher dans leur jeunesse.

Aussi sont-ils souvent la proie de la première personne qui, habilement, leur témoigne de l'amitié ou simplement de la commisération — à cette personne-là, ils se dévouent totalement, deviennent sa chose, — et sont capables de faire toutes les bassesses, de supporter toutes les misères pour la contenter.

Telle est l'histoire de tant de pauvres filles dont l'absolue soumission à des hommes ignobles qui les maltraitent et vivent de leur prostitution s'explique par le fait que c'est un de ces hommes qui leur a donné la première caresse et le premier simulacre d'amour depuis qu'elles sont au monde.

Les souffrances qu'éprouvent les enfants sans famille, dans les institutions qui prétendent les remplacer, comportent des degrés.

A défaut d'affection véritable, les orphelins riches trouvent dans des maisons bien tenues du confortable, des égards et quelquefois de la pitié.

Il en est de même, seulement avec moins de bien-être matériel, dans les orphelinats administratifs pour les petits pauvres. La soupe y est souvent claire, la viande dure et les haricots trop fréquents — mais on traite les orphelins comme des victimes du sort dignes de sympathie, et pour peu qu'ils soient dociles, on n'abuse pas de leur faiblesse pour les maltraiter.

Tout autre est la méthode adoptée dans les orphelinats religieux, dits charitables.

Ces établissements réellement admirables, ont résolu le problème d'élever des enfants sans aucun subside du gouvernement, du département ou de la commune, sans rémunération de la part des parents, équivalente aux frais nécessaires, et sans autre aide matérielle que quelques dons de personnes pieuses au début de leur installation.

Grâce à une maison cédée généreusement à un groupe de quelques sœurs, grâce à quelques dons en argent ou en nature fournis pendant un an ou deux — ces sœurs parviendront à peupler la maison d'enfants.

Fait absolument remarquable, à mesure qu'augmente le nombre de ces petits pensionnaires qu'il faut nourrir, vêtir, blanchir et fournir de tout le nécessaire, les ressources de la communauté religieuse qui subvient à tous ces frais ne diminuent pas — elles augmentent — et cela, sans qu'elle reçoive de nouveaux dons de qui que ce soit.

Si bien qu'avec un capital initial de quelques milliers de francs qui ne se renouvelle pas, une communauté du Bon-Pasteur arrive, en prenant à sa charge plusieurs centaines de pensionnaires, à posséder au bout de dix ans plusieurs centaines de mille francs.

Voilà certes un miracle pour le moins aussi remarquable que celui de la multiplication des pains. — Il est cependant accompli, de nos jours, dans notre pays, sous nos yeux par des groupements religieux de plus en plus nombreux.

La fortune rapide des premiers établissements fondés dans ces conditions a suscité l'émulation d'un grand nombre de religieux que la fabrication des liqueurs ne retenait pas exclusivement, ou de religieuses qui ne s'étaient pas encore dévouées complètement à la broderie de chemises de nuit pour horizontales de marque. — Si bien qu'en quelques années les maisons du Bon-Pasteur ouvraient dans chaque ville toutes grandes leurs portes aux pauvres orphelins.

Peu de gens à notre époque croient encore aux miracles.

Beaucoup de personnes en province occupent leurs loisirs à remplir le rôle de policier amateur qui consiste à supputer les ressources de chacun, à s'enquérir de ses dépenses et à tirer du manque d'équilibre qu'on croit constater dans le budget, des conclusions plutôt malveillantes sur lesquelles s'établissent souvent des réputations définitives.

Enfin il est des fonctionnaires chargés de surveiller les orphelinats au double point de vue du sort qui y est fait aux enfants et de l'instruction qui leur y est donnée.

Ni les gens de bon sens, ni les mauvaises langues, ni les inspecteurs du gouvernement n'eurent l'idée d'examiner les comptes des maisons du Bon Pasteur.

Il fallut qu'un évêque, honnête homme dans le diocèse duquel florissait une de ces maisons, dûment instruit de leur manière de procéder, et impuissant à la modifier, la jugeât assez scandaleuse pour mériter d'être exposée publiquement.

C'est par cette voie inattendue que fut élucidé le mystère de la prospérité de ces établissements charitables.

Elle repose tout simplement sur l'exploitation des enfants qui y sont recueillis.

Dès que ces enfants peuvent manier un outil pour les garçons, tenir une aiguille pour les filles, on les soumet à des travaux forcés qui arrivent dans certains moments de presse à durer douze heures sur vingt-quatre.

La division du travail est poussée à son extrême degré : telle ouvrière ne fait que des boutonnières, — telle autre que des ourlets d'un certain genre, etc...

Par ce moyen, on obtient que l'ouvrière sache rapidement faire très bien et très vite un travail qui est toujours le même — et comme elle est incapable d'exercer complètement aucun métier, la communauté est garantie contre les tentatives que pourrait faire l'ouvrière pour lui échapper.

Les commandes sont d'ailleurs nombreuses à cause des bas prix auxquels peut livrer la communauté qui ne paie pas de main-d'œuvre, à cause de ses bons rapports avec toutes les congrégations et avec tous les membres du clergé, qui sont à la fois pour elle des clients et des courtiers ; à cause enfin de la clientèle attitrée de certains grands magasins qui y trouvent un large bénéfice en même temps qu'une réclame auprès des personnes pieuses.

Les ressources de la maison charitable sont ainsi largement assurées. — En revanche, les dépenses sont réduites au strict minimum.

La nourriture des enfants, ouvriers et ouvrières qui produisent par leur travail la prospérité de la maison, est juste suffisante pour qu'ils ne meurent pas de faim et tellement répugnante que le pain sec constitue le principal aliment de la plupart d'entre eux.

Les vêtements sont de l'étoffe la plus grossière et doivent être usés jusqu'à la corde pour qu'on les renouvelle ; les couvertures sont insuffisantes pour empêcher les enfants de grelotter de froid, l'hiver, en leurs lits durs, dans d'immenses dortoirs sans feu, les ateliers sont insuffisamment aérés pour le nombreux personnel qu'ils abritent.

La journée se passe presque entière à l'atelier, avec de rares et courtes interruptions, dont le plus grand nombre consiste à aller à la chapelle remplir ses devoirs pieux et remercier Dieu et les sœurs de leurs bienfaits ; un court moment est consacré à manger en écoutant des lectures pieuses, et quand il fait beau, à accomplir en silence quelques tours dans un préau ?

Est-ce une prison ou un bagne ?

Ceux qui y sont enfermés, et ne peuvent en

réalité en sortir de leur plein gré, ont-ils commis des fautes graves, sont-ils des êtres profondément vicieux ou déments ou dangereux pour la société ?

Non ! Ce sont des enfants dont le seul tort est de n'avoir plus de parents et de vivre dans une société qui manque au plus essentiel de ses devoirs.

Les résultats d'une telle discipline sont que beaucoup de ces malheureux enfants y meurent de tuberculose ou d'autres maladies difficiles a déterminer, le médecin n'étant appelé en général que pour constater la mort.

Tous sont anémiques, débilités, atrophiés dans leurs corps et dans leur cerveau.

Au bout de quelque temps passé dans ces maisons, ils sont incapables d'aucune résistance, n'éprouvent plus aucun désir, deviennent de véritables machines accomplissant mécaniquement et sans pensée leur même travail et tous les exercices qui se répètent chaque jour à la même heure sans le moindre changement.

C'est pourquoi, parmi tant de victimes, il en est si peu qui puissent faire l'effort de se plaindre.

Mais à quoi bon se plaindre et à qui ? — à la moindre tentative d'insubordination, à la moindre résistance, l'audacieux est puni par une aggravation de mauvais traitement : privation de son maigre repas, et de ses rares moments de promenade ou châtiment corporel.

Le couvent est un cloître hermétiquement

fermé où nul ne pénètre — sauf l'évêque — voilà pourquoi ce fut un évêque qui dénonça ces usines d'enfants martyrs ! A la suite de la lettre indignée que publia cet évêque — la lumière se fit complète petit à petit. Des femmes qui avaient été élevées dans ces maisons et qui avaient pu en sortir, mais n'avaient osé révéler ce qui s'y passait, tant elles étaient terrorisées, racontèrent ce qu'avaient été leurs jeunes années.

De jeunes congréganistes, souffrant de l'existence qu'on leur imposait à elles-mêmes et révoltées des traitements qu'on faisait subir aux enfants, écrivirent des lettres que les journaux ont publiées et qui constituent la preuve irréfutable de la véracité des accusations.

« La nourriture était peu fortifiante et particulièrement mal préparée ; souvent c'était la faim qui décidait à manger. Le déjeuner du matin consistait en une soupe maigre trempée avec du pain et mélangée très souvent de légumes restant des repas de la veille.

« Le repas de midi se composait d'une soupe sur laquelle surnageait une graisse très épaisse et des légumes variant avec les époques de l'année soit haricots, pois, riz, carottes, choucroute, etc.

« Le soir, en été, on nous servait toujours la même soupe et une salade, qui, en hiver, était remplacée par des légumes. On ne nous servait qu'une petite portion de viande deux fois par semaine, les jeudi et dimanche ; aux autres repas nous n'avions qu'un morceau de lard gras et de très mauvaise qualité.

« J'ai moi-même, plusieurs fois, ainsi que d'autres de mes camarades, jeté ce lard qui avait un très mauvais goût et qui était quelquefois gâté, puisqu'on y remarquait des petits vers.

« Nous devions employer la ruse pour jeter aux cabinets ce lard qu'on nous servait malgré notre volonté ; s'il restait quelque chose dans la marmite, la sœur le distribuait à tour de rôle à chacune des pensionnaires.

« En ce qui concerne les lits, ils étaient assez bons, mais insuffisamment garnis pendant l'hiver ; souvent, j'ai souffert du froid, car dans les dortoirs très vastes on ne faisait jamais de feu, même pendant la température la plus rigoureuse.

« Je puis dire, d'une façon très sincère, que j'ai eu à me plaindre des rigueurs de la maison, en ce qui concerne la nourriture, le travail, le manque d'exercice et le peu de satisfaction morale qu'on y trouve.

« Chaque hiver, un grand nombre d'enfants se plaignaient de souffrir de l'estomac. Cette maladie dégénérait en épidémie et nécessitait les soins des médecins de la maison.»

« En quittant le Bon Pasteur, au bout de quatre ans, Joséphine M... déclare n'avoir rien reçu, ni argent, ni effets et s'être trouvée dénuée de toutes ressources ; qu'on ne faisait pas de distinction d'âge et que les jeunes enfants étaient à la tâche et obligés de fournir le travail commandé.

« A deux reprises différentes, à l'occasion de

l'arrivée de l'inspecteur, on a fait disparaître tout le travail fin pour le remplacer par de la lingerie ordinaire.

« L'inspecteur n'interrogeait que les filles ou enfants qui étaient toujours choisies par les sœurs comme étant les plus soumises et en bonne santé. »

« Je suis restée de 1891 à 1894 au Bon Pasteur, où j'ai été placée par mon père, dans le but d'apprendre les travaux de couture.

« Pendant mon séjour dans cette maison, je me suis souvent plainte de la mauvaise qualité de la nourriture qui ne se composait que de soupe au lard et légumes et les jeudi et dimanche on nous donnait de la viande.

« J'ai dû me contenter de ce régime, puisque mes réclamations restaient sans effet et m'entraînaient des punitions infligées par la sœur du Mont-Carmel qui me faisait mettre à genoux les bras en croix pendant une heure environ chaque fois et m'obligeait à baiser le plancher à la fin de ma pénitence.

« Cette même religieuse m'a quelquefois aussi réprimandée par des violences, soit en me tirant les oreilles, soit en me giflant.

« Je n'ai pas attaché grande importance à ces corrections que je méritais quelquefois par mon insubordination.

« Comme beaucoup de mes camarades j'ai été indisposée l'hiver par suite de refroidissements contractés la nuit au dortoir où nous n'avions,

pour nous garantir du froid, qu'une seule cou-
verture et nos effets.

« Mes parents venaient me voir au commencement de chaque mois et ce n'est qu'à la fin et
sur mes instances, que j'ai pu leur parler sans
être accompagnée d'une sœur et leur exposer
mon intention de quitter la maison du Bon-Pasteur d'où je ne suis sortie qu'avec mes effets
personnels.»

« Dès mon entrée dans cet établissement, on
m'a appris le travail de la lingerie qui consistait à confectionner des mouchoirs à jour et j'ai
été soumise pendant la journée, au même travail de 7 heures du matin à 8 heures, de 11 heures à 11 h. 1/2 et le soir de 1 heure à 7 heures ;
de 8 heures à 11 heures du matin j'assistais aux
classes avec les autres enfants de mon âge.

« C'est la seule exception que l'on faisait en
faveur de mon jeune âge et je dois ajouter que
nous ne nous levions qu'une heure après les autres pensionnaires.

« Dès que nous étions suffisamment exercées
au travail, après six mois d'apprentissage, on
nous donnait une tâche qui consistait à ourler à
jours, 3 mouchoirs pour toute la journée.

Le travail augmentait progressivement et, à
l'âge de 12 ans, ma tâche devenait aussi forte
que celle des filles de 16 à 20 ans.

« Je n'ai rien reçu, ni trousseau, ni argent en
quittant la maison et ai dû ensuite faire un nouvel apprentissage pour arriver à gagner ma vie,

car le travail du Bon-Pasteur ne se fait guère en dehors de la maison qui sert la clientèle riche.

« Je faisais, comme toutes mes compagnes, au minimum 12 heures de travail par jour en été et 11 heures en hiver et à certains moments de presse, nous travaillions même en dehors de ces heures.

« Il est vrai que jamais aucune de nous n'a été contrainte à ce travail supplémentaire, mais tout nous indiquait que nous avions intérêt à le faire, pour être bien vue des sœurs qui réprimandaient celles qui n'arrivaient pas à produire un certain travail et qu'elles traitaient de paresseuses et de filles molles, quelquefois à tort, car j'ai connu des jeunes filles anémiées et très fatiguées qui, malgré leur bonne volonté, étaient incapables de faire leur ouvrage.

« L'une d'elles, qui avait nom Solange, au couvent, et que tout le monde connaissaient comme atteinte de phtisie, n'était pas plus ménagée que les autres et elle a travaillé jusqu'à la veille de sa mort vers 1893 ou 1894, sans avoir reçu les secours et les soins que nécessitait son état.

« Plusieurs autres sont décédées à peu près dans les mêmes conditions et de la même maladie.

« Les malades n'étaient admises à l'infirmerie que pour des cas bien caractérisés, alors elles recevaient là un meilleur traitement.

« En ce qui concerne l'alimentation, elle était suffisante comme quantité, mais non comme qualité et souvent malpropre, car il n'était pas rare de découvrir dans la marmite, au moment de servir, des épluchures de légumes, du linge de cuisine et des morceaux de charbon.

« Le lard qui servait pour la soupe était habituellement de très mauvaise qualité et on ne le mangeait qu'avec dégoût.

« Pendant les neuf premières années, je n'ai jamais eu de vin et ce n'est qu'après une épidémie de fièvre typhoïde que du vin a été distribué, à midi, pendant quelques mois, mais par la suite cette faveur ne se faisait plus que les jours de fêtes.

« Alors que j'étais infirmière à l'hôpital civil où j'ai été traitée comme tuberculeuse d'après le docteur Spillmann, qui me soignait, l'origine de ma maladie devait être attribuée à la mauvaise nourriture, au manque d'air, et au défaut d'exercice pendant mon séjour au Bon Pasteur.

« Je reproche aussi à cette maison l'extrême exigence des sœurs qui nous obligeaient à ne leur adresser la parole qu'à genoux, position que nous conservions pendant toute la conversation, quelle qu'en soit la durée et après avoir baisé le plancher en les abordant et en les quittant.

« Ce n'est que sur mes réclamations qu'elles consentirent à me laisser libre trois mois après ma majorité sans se soucier de mon sort pour l'avenir.»

« Je puis assurer qu'une nommée Marie Hartmann, dite Solange, est morte faute de soins, et sans avoir reçu les soins du médecin, ce qui avait provoqué une indignation générale parmi toutes mes compagnes qui savaient que cette fille avait demandé la veille de son décès de s'aliter, ce qui lui avait été refusé sous le prétexte qu'elle n'avait pas accompli sa tâche.»

« L'un de ces témoignages émane de la propre nièce de la supérieure du Bon-Pasteur de Chambéry :

« Le travail était particulièrement pénible et fatiguant pour la vue, en raison de l'application soutenue qu'il exigeait.

« Nous n'avions durant toute la journée qu'une demi-heure de liberté à midi, et un quart d'heure le soir.

« Pendant ces prétendues récréations, nous étions assujetties à une surveillance des plus rigou-reuses, dans une cour entre quatre murs. —Deux fois seulement par an, à l'occasion de la fête de la supérieure et de la maîtresse nous avons eu de véritables récréations dans le jardin.

« J'ai souvent remarqué l'état de malpropreté de la nourriture et constaté sa mauvaise qualité. — On avait beaucoup à se plaindre du couchage et du froid surtout pendant les rigueurs de l'hiver : l'eau gelait dans les dortoirs.

« J'étais très anémiée par la fatigue, le manque d'exercice et la mauvaise nourriture.

« En quittant cette maison j'ai reçu du linge pour la valeur de 3o francs et 6 francs en espèces.»

L'autre émane d'une religieuse, Mlle Lucie P..., sœur Sainte Chantal, qui passa douze années au Bon-Pasteur.

Elle dépose ainsi :

« Pendant ces douze années, tous les jours, exceptés le dimanche et les fêtes, j'ai travaillé au moins 11 heures et quelquefois même 14 et 15 heures par jour. — Mon travail a consisté à peu près exclusivement à faire des jours et des dessins dans la broderie très fine, ce qui a fatigué beaucoup ma vue. — Mes maîtresses et mes compagnes voulaient bien reconnaître que j'étais une des plus habiles ouvrières dans ce genre de travail.

« Malgré cela mes maîtresses me mirent au jardin et à la boulangerie ; ce travail était au-dessus de mes forces ; j'ai contracté des douleurs de reins qui pendant sept ans me firent souffrir.

« Craignant d'être à la charge de la maison, je demandai à partir, ce qu'on me refusa ; et quelque temps après, le mal empirant toujours, on me renvoya sans que je m'y attendisse.

« Cette maladie, qu'on croyait incurable, a disparu 15 jours après ma sortie, grâce à un régime alimentaire plus fortifiant.

« Je dois, à la vérité, dire que mes maîtresses m'ont rendu, à ma sortie, le trousseau que j'avais apporté en entrant, mais elles n'y ont ajouté quoi que ce soit. »

L'évêque — il n'est que juste de le dire — n'avait pu retenir son indignation devant les scandales, et il a largement contribué à les dévoiler.

C'est M. Turinaz qui a écrit ceci :

« Celles qui sont restées un temps considérable

dans la maison gagnent une somme bien supérieure aux dépenses de leur nourriture et de
leur entretien.

« C'est ce travail des jeunes filles qui enrichit
la maison. — J'ai dit et je répète qu'il n'y a pas
dans tout le pays un patron, un chef d'atelier
impie, juif ou franc-maçon qui exploite ainsi ses
ouvriers et ses ouvrières et qui les traite comme
ces religieuses traitent les jeunes filles qu'elles
prétendent recevoir par charité. — Il n'en est
aucun qui, après avoir exploité des ouvrières
et les avoir dépouillées de ce qui leur est dû en
rigoureuse justice, les livrerait à tous les périls.»

Voilà qui explique comment le Bon-Pasteur,
organisé depuis 60 ans à peine et qui ne comp-
tait alors que 5 religieuses, en compte aujour-
d'hui 6,763 possédant 220 domaines et exploi-
tant 47,385 ouvrières.

Ce sont les faits mêmes cités dans ces lettres
que nous venons de rapporter.

L'orphelinat qui fut le sujet de cette décou-
verte scandaleuse a été fermé. Mais combien
reste-t-il d'ouvroirs, de pensions charitables, de
couvents pour l'éducation des enfants pauvres
qui ne sont que des maisons du Bon-Pasteur
sous le patronage d'un autre saint nom, et où
avec quelques nuances, le but poursuivi est le
même et les moyens employés aussi pénibles
pour les enfants qu'on exploite sous prétexte de
les élever gratuitement?

Quand donc le simple bon sens démontrerat
t-il que pour subvenir aux besoins d'un enfant

jusqu'à l'âge de quinze ans, il faut beaucoup d'argent — que, par conséquent, ceux qui non seulement y parviennent sans dépenser ce qu'ils n'ont pas, mais encore en y trouvant un bénéfice, ne peuvent que spéculer sur le travail imposé à l'enfant au delà de ses forces tout en ne lui accordant pas ce qui lui est nécessaire pour vivre en bonne santé et se développer ?

Quand donc comprendra-t-on que ce grand mot de charité abrite bien des escroqueries, bien des spéculations, et bien des crimes — qu'il ne faut pas demander à l'homme de se dévouer pour son semblable, ce dont bien peu de gens sont capables — mais qu'on peut exiger de lui qu'il soit seulement juste envers les autres et lui donne ce à quoi il a droit.

Avant tout, la société, qui est la réunion de tous les hommes vivant côte à côte et ayant besoin les uns des autres, a comme premier intérêt de veiller à ce que ne diminue pas le nombre de ses membres, et à ce que ces membres soient en état de lui rendre des services et non de lui être à charge.

N'est-ce donc pas absurde que la société se désintéresse du sort des enfants à tous les points de vue ?

Elle laisse les parents libres de traiter et d'élever leurs enfants comme ils l'entendent en vertu d'une sorte de droit divin — qui limite son intervention aux cas de mauvais traitements matériels absolument scandaleux.

Mais le mauvais traitement moral qui consiste

à blesser l'esprit de l'enfant dans toutes ses aspirations, ses désirs, ses besoins d'affection et de liberté n'est-il pas infiniment plus douloureux et n'a-t-il pas pour résultat d'en faire un être atrophié cérébralement, c'est-à-dire plus malheureux et plus inutile dans la société qu'un être atrophié physiquement par manque d'air ou de nourriture?

Quelle est donc l'origine de ce droit absolu que s'adjugent les parents sur le sort de l'enfant et que tout le monde leur reconnaît, sans discussion?

Que la mère revendique l'enfant sorti de son sein, qui est sa chair, qu'elle a enfanté dans la douleur et nourri de son lait. — Cela est bien compréhensible.

L'enfant lui doit et accorde en revanche, une éternelle affection, s'il n'est pas né vicieux.

Mais s'en suit-il que cette mère ait le droit d'alimenter son enfant d'une façon désastreuse pour celui-ci, par ignorance ou négligence, comme nous l'avons vu dans le tome premier de l'*Hygiène de l'Enfance* qui a trait à la *Puériculture*.

La société ne devrait-elle pas aider cette mère, la diriger, l'aider si les ressources lui manquent et finalement, si on se heurte à une évidente mauvaise volonté ou incapacité de bien faire, lui reprendre cet enfant pour sauvegarder sa santé et sa vie.

De ce que la mère a créé un nouvel être, s'en suit-il qu'elle ait le droit de le détruire ou de le détériorer?

A côté des rapports étroits qui unissent l'enfant à la mère, n'y a-t-il pas les rapports qui unissent entre eux les hommes d'un même peuple, d'une même race, et en fin de compte l'humanité tout entière et mieux tous les êtres vivants ?

Les hommes n'hésitent pas à intervenir pour empêcher une femelle d'animal quelconque de faire mal à ses petits par cruauté ou maladresse.

Les éleveurs surveillent avec soin la vache ou la truie qui a mis bas, et lui reprennent ses petits pour peu qu'ils soient menacés de quelque danger de la part de la mère.

Ils y ont un intérêt évident, les petits représentant pour eux une valeur marchande.

Est-ce que l'enfant, parce qu'il ne se vend pas, ne représente pas une valeur plus grande pour la société qu'un petit veau ou un petit cochon ?

L'Etat dépense sans compter pour son instruction, les communes (du moins dans les grandes villes et surtout à Paris) consacrent de grosses sommes pour leur procurer des soins en cas de maladie, des séjours à la campagne ou au bord de la mer pendant les vacances, tout ce qui peut les mettre à l'abri des infections ou des troubles de la nutrition.

La société s'efforce en un mot d'obtenir que, sur un lot d'enfants, le plus grand nombre soit apte à vingt ans à faire des soldats.

Mais tant que l'enfant ne fréquente pas l'école,

elle s'en désintéresse. Et c'est précisément dans cette première période de l'existence que la plus grande partie des enfants disparaissent.

Cette semaine, le bulletin de statistique municipale de la ville de Paris nous apprend que sur 771 décès, il y en a 95 d'enfants de deux mois, 16 d'enfants de douze à vingt-trois mois, 18 d'enfants de deux à quatre ans, soit un total de 130 enfants de moins de quatre ans, alors qu'il n'est mort que 32 jeunes gens de cinq à dix-neuf ans.

Dans les mois chauds de l'année, les mois terribles, la proportion des décès d'enfants en bas âge est bien plus forte.

En moyenne, il meurt chaque année à Paris :

Sur 1,000 enfants de 0 à 12 mois...		250
— — de 12 à 23 mois...		100
— — de 2 à 4 ans.....		20
— — de 5 à 20 ans.....		6
Sur 1,000 adultes de 20 à 40 ans.....		10
— — de 40 à 60 ans.....		20
au-dessus de 60 ans....		70

Cette constatation suffit à montrer l'intérêt qu'il y a à surveiller et diriger l'élevage des nourrissons dont le quart disparaît avant l'âge d'un an.

C'est ce que nous avons cherché à provoquer dans notre premier livre de « *L'Hygiène de l'Enfance.* »

Plus tard, après deux ans, la mortalité est moins élevée ; passé quatre ans, la vie de l'enfant n'est relativement plus en danger.

Mais que vaudra ce jeune être qui est destiné à jouer un rôle dans la société ?

Il nous semble que celle-ci a bien le droit et le devoir de s'en préoccuper : puisqu'il remplira envers elle le rôle de défenseur et de contribuable, elle lui doit bien en revanche protection et assistance.

Que ce contrat social soit irréprochable dans son principe comme dans son application — nous ne le pensons pas ; mais ce n'est pas ici que nous pouvons discuter la gêne qu'apporte au développement individuel une trop étroite sujétion. — Ce contrat existe — Il est accepté. — Il fonctionne, il faut nous borner à indiquer comment en tirer le meilleur parti possible.

L'effroyable mortalité des nourrissons constitue une véritable fuite qu'il faut obturer, voilà un premier devoir de la société. — L'éducation défectueuse actuellement donnée aux enfants entraîne une déperdition non plus dans la quantité mais dans la qualité des sujets. — Y remédier, tel est le second devoir de la société.

S'il lui faut pour cela entrer en lutte avec l'autorité des parents, elle ne doit pas hésiter à le faire.

La dette de reconnaissance et d'affection que contracte l'enfant envers sa mère qui lui a donné naissance, envers son père qui a pourvu à ses premiers besoins, envers ces deux êtres dont il reproduit la race, n'entraîne pas pour cet enfant la nécessité d'accepter leurs idées, leurs croyances, leur manière de voir.

Celles-ci proviennent de l'éducation qu'ont reçue les parents, des habitudes qu'ils ont contractées et de l'usage courant, autant et souvent plus que du résultat de leurs réflexions et de la manifestation de leur volonté raisonnée.

Les accepter est donc simplement suivre aveuglément l'opinion du monde, le courant du moment, c'est-à-dire la marche imbécile de la foule lente à tout progrès, rebelle à tout changement, indolente pour tout effort intellectuel.

S'il en était ainsi, comment pourraient agir les hommes supérieurs dont les conceptions dégagées de préjugés devancent la marche de l'esprit humain et lui tracent le chemin vers la vérité démontrée par la raison, et par suite tendent à augmenter la somme de bien-être compatible avec l'existence humaine.

Le respect de la tradition ancestrale pratiqué exclusivement amènerait le fils à prendre invariablement le métier du père, à embrasser sa religion, à continuer ses habitudes ; ainsi les générations se succéderaient sans changement, et la civilisation s'immobiliserait indéfiniment.

Or la vie ne reposant que sur l'évolution, toute race qui ne progresse pas, décroît jusqu'à la décadence finale.

Une race ne progresse que par l'apport incessant de nouvelles vérités acquises par l'effort personnel de chaque individu.

Donc l'intérêt évident de la société est d'encourager chaque individu dès sa naissance à entreprendre ce travail et à lui en faciliter les moyens.

L'enfant possède, par sa nature même, une tendance spontanée à la recherche de cette vérité et les moyens de l'apprécier grâce à sa raison. — Il suffirait donc à la société de veiller à ce qu'on ne lui crée pas trop d'obstacles, qu'on ne le dévoye pas, qu'on le laisse développer librement ces facultés qui sont la caractéristique de l'homme et qui en font toute la valeur.

Il lui suffirait d'empêcher qu'on impose à l'enfant dès le berceau des doctrines religieuses — d'empêcher qu'on l'écrase sous l'autorité paternelle imbue des mêmes doctrines, — d'empêcher qu'on le martyrise, quand il est sans famille, dans des communautés qui, sous couleur de la remplacer, usent son cerveau et son corps.

Mais il faudrait aussi que la société ne traitât pas en parias, les enfants illégitimes, commettant envers eux cette triple injustice de les rendre responsables d'une prétendue faute qu'ils n'ont pas commise, d'exiger d'eux les mêmes devoirs que de tous les autres citoyens, et cependant de ne pas leur accorder les mêmes droits.

Parce que les parents ont trouvé impossible, inutile ou indécent de faire constater publiquement leur désir de s'unir et de procréer, — ils verront s'étaler sur l'acte qu'ils sont forcés de faire établir à la naissance de leurs enfants la mention qui avilira éternellement ces enfants dans l'opinion du monde.

Comme un voleur dont le casier judiciaire porte pendant toute son existence la trace de sa faute et de sa condamnation, l'enfant illégitime subira toujours la flétrissure marquée sur son acte de naissance.

Enfant, dans les jeux à l'école, il sera en butte aux sarcasmes des camarades, auxquels les parents auront eu soin d'apprendre que l'autre n'est pas un enfant comme eux.

Ouvrier, il trouvera moins aisément du travail — ou employé, une place — et toujours le patron conservera vis-à-vis de lui un sentiment de défiance et de mépris.

Appelé à la conscription, il ne jouira pas des avantages que la loi confère aux soutiens de famille, fils aîné de veuve, ou aux enfants de nombreuses familles.

Soldat, il sera tenu en suspicion par les chefs et traité en inférieur par les camarades.

Enfin, s'il veut se marier et ne pas faire peser sur ses enfants la chaîne dont il a senti tout le poids — les familles le repoussent avec indignation dès qu'elles apprennent le secret de sa naissance.

Que ses parents en mourant veuillent lui transmettre leur fortune ; cet argent qui lui ouvrirait bien des portes et effacerait pour ce monde si farouche la tare originelle, il ne peut l'obtenir qu'au prix de droits exorbitants.

En sorte que l'enfant illégitime ne peut ni par son travail, ni par son intelligence, ni par sa probité, ni par son dévouement obtenir dans la société une situation égale à celle de l'enfant revêtu de l'estampille légale.

Il doit s'incliner et se persuader à lui-même que, sans le savoir, il a, avant de naître, commis une de ces fautes qu'une vie entière de puritain ne saurait effacer.

Il doit tout accepter avec humilité : insultes, salaires inférieurs, suspicions, mépris — trop heureux qu'on accepte sans remercîments tous les services qu'il peut rendre. — Il est un esclave, un damné.

S'il a l'âme trop haute pour cette subordination, l'esprit trop juste pour accepter ce traitement inique, si, dans sa colère, il entre en lutte contre la société qui l'accable, la punition qu'on lui inflige sera infiniment plus sévère que celle encourue par un individu né dans la légalité.

Enfant « naturel » est un des plus mauvais antécédents que puisse mentionner le dossier d'un prévenu. L'opinion publique est unanime à admettre que ces enfants-là ne peuvent jamais rien faire de bon ! Le fait que les parents ont transgressé dans leur union une des lois sociales est une indication que leurs enfants feront fi des autres lois.

C'est ainsi qu'entre deux individus soupçonnés d'une faute, si l'un est enfant naturel il aura bien des chances d'être condamné même si les autres charges pèsent plus lourdement sur l'autre prévenu.

Bien des erreurs judiciaires ne reposent pas sur une autre injustice primordiale.

Qu'une fille naturelle, après avoir tenté de mener une vie régulière, se trouve forcée, ne pouvant gagner sa vie par son travail ou révoltée par les outrages, à se livrer au premier venu pour avoir au moins la consolation d'un semblant d'affection et tombe ensuite dans la prostitution, le public honnête ne reconnaîtra pas qu'il est, pour une grande part, responsable de ce malheur, il le considérera au contraire comme la conséquence presque fatale de la faute des parents.

Ignoble hypocrisie ! Ecœurante lâcheté !

Parce que cet enfant est flétri du nom d'enfant naturel (comme si ce qui est naturel pouvait jamais être quoi que ce soit de honteux), les autres, qui ne se sont donné d'autre peine que de profiter de tous les avantages que leur confèrent des parentés nombreuses et honorablement connues, des relations de famille utiles et toutes ces accointances qui s'établissent entre petits clans dans la société comme les toiles d'araignées dans une maison malpropre ; les autres, les légitimes accablent le malheureux de toutes leurs puissances unies.

Il ne rentre dans aucune combinaison, il ne fait partie d'aucun clan, il n'a pas de famille. C'est un isolé, donc un intrus.

C'est un être dangereux pour une société qui n'admet pas les indépendants. Qu'on l'écrase donc tout jeune, et qu'on le réduise définitivement à se contenter des miettes du repas des autres.

Et cependant il faudrait s'entendre sur ce qu représente cette qualification d'un enfant légitime.

L'enfant adultérin est légitime, si l'adultère n'est pas prouvé et alors il a deux pères : le vrai qui n'est pas connu et puis l'autre, celui *quem nuptiæ demonstrant*.

Au temps encore peu éloigné où le code religieux régissait les actes civils, il qualifiait d'illégitimes les enfants qui n'étaient pas issus d'un mariage religieux.

Actuellement, la société civile prend sa revanche en considérant comme illégitimes les enfants nés d'un mariage purement religieux.

Admirable phraséologie ! Source inépuisable de sujets de comédie au théâtre... mais malheureusement de drames sans nombre dans la vie réelle.

L'indignation que provoque chez tous les esprits sains la monstrueuse iniquité qui pèse sur les enfants naturels, a suscité des critiques de plus en plus fréquentes et qui comptent dans les plus belles pages des littératures des peuples civilisés.

Mais le résultat se borne à cette œuvre littéraire, comme si les gens qui les lisent, satisfaits d'éprouver ce plaisir intime que provoque l'expression d'une idée juste, n'avaient rien de plus pressé que d'agir ensuite de façon à nécessiter une nouvelle campagne qu'ils auront le nouvel avantage d'admirer et d'applaudir.

L'année dernière, à propos de la lamentable

histoire de Marie Devaillant, cette jeune fille de dix-huit ans qui, à la veille d'accoucher, tua son séducteur de trois coups de couteau, au moment où il lui annonçait qu'elle eût à... « s'arranger avec son gosse ». — Clémenceau appréciait dans le Bloc l'acte, ses causes et ses conséquences de la façon suivante :

« La société vertueusement indignée de cet attentat (je parle de celui dont la jeune fille fut coupable, non de celui dont elle fut victime d'abord) a estimé à deux ans de prison le crime de la « fille-mère » déduction faite du crime de l'autre. — Deux ans de prison, sans sursis, quelle trouvaille pour remettre Marie Devaillant dans le droit chemin ! Son enfant va naître en prison. Partout il traînera dans la vie le papier infamant où « la République » aura consigné cette tache originelle qu'il a vu le jour à Saint-Lazare. L'enfant châtié pour toute son existence, avant même que d'apparaître au monde ! »

La Chambre vient de faire afficher la Déclaration des Droits de l'Homme dans nos établissements scolaires.

Les Droits de l'Homme, cela doit impliquer d'abord les Droits de l'Enfant pourrait-on croire.

Ne serait-ce donc pas un assez beau début pour nos réformateurs : dire que tous les enfants, naturellement inégaux en chances de prospérité, auront cependant en pratique — et non plus seulement en doctrine — le même droit à la vie ?

Quel immense progrès de renoncer d'abord à faire aggraver par la société les iniquités brutales que fournit sans compter la nature.

Quelle que soit la nécessité que ressentent la Religion et la Société à s'opposer au nom de leurs principes, aux unions qui n'ont pas été sanctifiées par l'Eglise ou légalisées par la mairie, quelles que soient les punitions dont injustement elles accablent les enfants nés de ces unions, espérant, par ce moyen retenir les parents dans l'observation des règles établies, les ménages irréguliers sont cependant de plus en plus nombreux, surtout dans les grandes villes, et les enfants illégitimes constituent une notable proportion des naissances.

Nous avons calculé, d'après les chiffres fournis par le Bulletin de statistique municipale de la ville de Paris, que, en moyenne chaque semaine, sur 1.000 naissances il y a 270 enfants illégitimes soit 27 o/o, *plus du quart.*

Rien ne peut mieux prouver l'inutilité de persécuter ces enfants dans le but de faire réfléchir les parents sur les conséquences qu'auront pour leur progéniture la manifestation de leur indépendance.

Il serait, évidemment, beaucoup préférable de faciliter à ces enfants les moyens de vivre honnêtement comme les autres, sans que rien puisse jamais indiquer une origine différente, de leur permettre de suivre eux-mêmes les règlements en usage, s'ils le désirent, en attendant que l'opinion publique n'attache plus hypocritement tant de valeur au certificat de moralité qu'implique le mariage légal ou religieux.

Si l'enfant naturel est reconnu et élevé par ses parents, il trouvera à la maison l'affection qui le consolera des outrages subis au dehors et l'aide matérielle et morale qui lui permettra de les supporter.

Mais il y a les enfants si nombreux nés, comme par accident, d'une pauvre fille laissée à ses seules ressources et qui se trouve acculée à la nécessité ou d'abandonner son enfant pour pouvoir continuer à gagner modestement sa vie par son travail ou de se prostituer pour subvenir à l'éducation de son enfant.

Dans ce dernier cas, l'enfant est mis en nourrice généralement chez les parents de la mère, paysans vivant pauvrement à la campagne et qui pardonnent la faute grâce au profit qu'ils en tirent.

L'enfant né souvent avant terme, ou ayant souffert de la gêne que s'est imposée la mère pour dissimuler sa grossesse, est généralement chétif. Elevé au biberon, sans soins appropriés, il meurt rapidement — ou devient rachitique ou tuberculeux — en tous les cas s'élève mal.

Si la mère gagne assez d'argent, elle reprend l'enfant quand il a l'âge d'être instruit et le confie à une institution où suivant le prix, on donne à l'enfant l'instruction avec un certain bien-être, ou bien pour une pension modique, on est censé lui apprendre un métier, mais en réalité on tire profit de son travail en ne lui

fournisssant que le juste nécessaire à son existence.

C'est le cas de ces orphelinats que nous avons
décrits plus haut, et qui recueillent plus d'enfants sans parents attitrés que d'enfants ayant
perdu leurs parents.

La congrégation a toute autorité sur ces malheureux petits qui n'ont pour toute protection
qu'une fille à laquelle sa situation fausse inter-
dit d'oser élever la voix pour se plaindre ou
réclamer — ou qui, soit par sottise, soit par
négligence, ne s'aperçoit pas des souffrances
endurées par son enfant.

Il vaudrait mieux pour l'enfant avoir été abandonné par la mère ; car alors la société — qui
n'ose intervenir tant qu'il existe un parent au
moins nominal — se charge, s'il n'y en a pas,
d'élever l'enfant abandonné.

Ce soin est confié à l'administration de l'Assistance publique.

La façon dont celle-ci s'en acquitte n'est certes
pas à l'abri de tout reproche. — Les enfants
assistés vivent ou plus exactement vivaient autrefois enfermés comme de petits prisonniers.

L'éducation religieuse ou autoritaire qui leur
était donnée dans ces établissements presque
semblables à des maisons de correction, n'était
pas faite pour les consoler de l'absence d'affection.

Mais leur bien-être matériel était assuré et à
ce point de vue on ne peut adresser d'autre critique à l'administration que d'exagérer les
frais.

Depuis plusieurs années, l'Assistance publique a eu la sage idée d'ouvrir les portes de ses établissements et d'égrener ses pupilles dans les campagnes où, vivant par groupes chez des cultivateurs, sous la surveillance de fonctionnaires et de médecins, ils trouvent en même temps que de bons soins moins coûteux, une existence semblable à celle de tout le monde. On ne saurait trop louer cette tendance à rentrer dans la vie normale et se féliciter des bons résultats qu'elle a produits.

Comme on pouvait s'y attendre, elle a suscité l'indignation des gens partisans de l'autorité sous toutes ses formes et nous avons eu l'admirable spectacle d'un médecin portant, à la tribune du Conseil municipal de Paris, les accusations les plus graves et les plus fausses sur la moralité des enfants pour lesquels la Ville de Paris représente les parents absents.

C'est comme si un père allait proclamer publiquement et sans preuves l'inconduite de sa fille.

Il est vrai que ce médecin ne pratique... que les doctrines nationalistes.

Ces calomnies ne servent qu'à déconsidérer ceux qui les font. — La Ville de Paris a toujours dépensé sans compter quand il s'agit d'assistance et surtout d'assistance aux enfants.

Bien des fonds ont été, dans ce but, gaspillés ou dépensés mal à propos, — avec les ressources qu'elle continue à consacrer à ce service, elle peut, en suivant résolument la voie dans laquelle elle s'est engagée, obtenir des résultats infiniment meilleurs.

Qu'au lieu de considérer et de traiter les enfants abandonnés comme des êtres hors la société et qui doivent y rester, elle les fasse bénéficier de sa puissante protection pour les y faire rentrer, peu à peu les familles rechercheront comme un honneur que la Ville de Paris leur confie des pupilles, et s'efforceront de le mériter.

Elevés en pleine campagne, dans des régions bien choisies, surveillés par des médecins qui ont toute autorité pour imposer leurs méthodes, ces enfants ne peuvent que bien se développer. — Que l'administration libre de toute entrave, donne à ces enfants une éducation qui ne s'inspire d'aucune doctrine systématique, religieuse ou autre, mais qui procède uniquement de l'esprit scientifique et soit appropriée à chaque enfant et pour chacun à ses diverses périodes.

Qu'elle fasse perdre à l'enfant assisté toute crainte que son origine soit plus tard considérée comme une tare, mais qu'au contraire elle lui donne l'assurance que le titre de pupille de la Ville de Paris sera pour lui une sauvegarde et une recommandation.

Qu'elle ne néglige rien pour élever la dignité de l'enfant et la faire respecter par tous.

Que la Ville de Paris fasse cela, et non seulement elle aura sauvé la vie à nombre d'enfants que leurs mères préfèrent encore tuer que d'abandonner, non seulement elle procurera à ses enfants dans la société la place à laquelle ils ont droit, mais encore, elle aura démontré par l'expérience que l'éducation basée sur le libre développement de l'enfant placé dans des conditions normales, est bien préférable à l'éducation autoritaire basée sur la religion ou un système pédagogique à but étroit et limité.

CHAPITRE V

INFLUENCE DE L'ÉCOLE SUR L'ÉVOLUTION DE L'ENFANT

Sommaire :

Elle est néfaste à tous les points de vue : il ne peut en être autrement, tout ce qui caractérise l'épanouissement de la vitalité de l'enfant étant une gêne à subir la discipline scolaire. — L'Ecole a pour but de plier tous les enfants, quelle que soit leur individualité propre, au même état de souplesse intellectuelle, d'obéissance craintive aux autorités et de désir d'une situation sociale supérieure. — Pour atteindre un résultat si opposé aux naturelles aspirations de l'enfant on comprend que de longues années soient nécessaires — alors que quelques heures, chaque jour, suffiraient amplement à favoriser le développement normal du cerveau de l'enfant. — Différences de mentalité faciles à constater chez l'enfant avant, pendant et après la discipline scolaire. — L'Ecole ne fait que retarder et gêner l'évolution physiologique de l'enfant. — Opinion de Tolstoï.

Il suffit d'observer de près pendant quelques années un enfant bien doué pour être frappé de la transformation qui se manifeste dans sa mentalité après qu'il a fréquenté l'Ecole.

Auparavant son esprit sans cesse en activité est curieux d'apprendre, avide de savoir, original et primesautier.

L'enfant est bavard, franc, ouvert et indiscret ; il vous pose des questions, qu'il poursuit jusqu'à ce qu'il ait obtenu la réponse qui le satisfasse, vous raconte toutes ses impressions, expose sans détour tous ses sentiments avec des expressions imagées toujours justes et des réflexions souvent d'une profondeur étonnante.

Une petite fille voyant payer avec quelques sous un objet qui lui plaisait beaucoup disait en montrant un sou — « ça, qu'est-ce que çà ? ce n'est ni beau, ni bon, comment peut-on avec çà avoir tant de belles et bonnes choses ? »

Combien de personnes sont arrivés au terme de leur vie sans s'être jamais posé pareille question !

Cela s'explique, parce que les impressions sont vives sur un organisme neuf, les images nettes, les associations peu compliquées et l'expression forcément sincère.

Si l'enfant n'a eu le cerveau déformé ni par une hérédité morbide, ni par une éducation défectueuse, si ses jeunes années se sont écoulées à laisser s'imprimer en lui tout ce qui le frappe sans en gêner les manifestations, s'il s'est développé normalement sans liens et sans entraves, le résultat acquis à l'âge de six ans fait augurer d'une belle intelligence pour l'avenir.

Que l'on perde de vue cet enfant pendant deux ou trois ans et l'on est surpris, quand on le retrouve, de le voir gauche, l'air timide et embarrassé, avec une expression d'humilité qui frise la dissimulation. — Il est poli, il ne vous tutoie plus. — Il est discret, il ne pose plus de questions.

Si on l'interroge, il ne sait que répondre ou bien vous répond quelque chose qui, de toute évidence ne vient pas de lui, est apprise et non sincère. Seul à la maison, il est inquiet, ne sait que faire, rien ne l'intéresse, tout l'ennuie.

Dans ses jeux avec les autres enfants, il manque de mesure — ce sont des parties folles où il dépense ses forces par amour-propre pour se montrer supérieur aux autres — et s'il est nettement inférieur, il ne peut cacher son dépit ; il quitte le jeu, boude, ou se venge par quelque méchanceté quelquefois cruelle.

Dans les conversations de ces enfants entre eux, cette vanité s'étale dans tous les propos. Si l'un dit avoir fait une promenade de quelques kilomètres, l'autre affirme en avoir fait une de plusieurs lieues ; si l'un a reçu un beau jouet, l'autre en a eu un cent fois plus beau ; si les parents de l'un peuvent lui donner un beau porte-plume, les autres ne laissent pas à leurs parents de repos qu'ils n'en aient un bien plus joli.

C'est un besoin constant d'exciter l'envie et la jalousie que l'on éprouve soi-même.

C'est une lutte à qui sera, en toute chose, le premier.

Elle entraîne fatalement l'habitude du mensonge, par la nécessité d'inventer des aventures ou des faits qui étonnent les camarades et surpassent ce qui a pu leur arriver.

Si l'imagination se développe outre mesure à ce jeu, en revanche la raison ne brille pas.

Essayez de parler raisonnablement avec cet enfant, sur un sujet aussi terre à terre que possible qu'il connaisse bien, vous serez stupéfait des absurdités qu'il vous débitera ; si vous tentez de le lui faire comprendre, de l'amener doucement à déduire d'une vérité évidente une autre vérité qui en découle fatalement, l'enfant ne vous suit pas. D'abord il est vexé dans sa vanité d'avoir paru en faute, et puis, réellement, on lui demande là un travail auquel il n'est plus habitué.

Au contraire il vous débitera tout d'un trait des phrases très correctes qui prouveraient une connaissance remarquable pour son âge de choses qu'il n'a jamais vues, mais, examinez un peu le fond de ce savoir, il est en réalité nul, l'enfant ne comprend pas ce qu'il vient de vous raconter.

L'enfant cependant n'attache lui-même de prix qu'à ces phrases apprises par cœur.

Il dédaigne tout ce qui ne vient pas de l'école et n'est pas imprimé dans les livres.

Il ne s'intéresse ni aux fleurs des champs, ni aux légumes qu'on cultive, ni aux arbres, ni aux circonstances de la vie commune.

Il a d'autres visées, d'autres ambitions, d'autres rêves d'avenir.

Les garçons veulent être soldats, pour se battre, être victorieux, devenir généraux et susciter l'admiration universelle. Leur bonheur est d'avoir quoi que ce soit qui rappelle un uniforme et une arme. Aux plus pauvres une loque rouge et un bâton suffisent pour représenter un attirail guerrier.

Les enfants riches arborent un uniforme complet de zouave ou de cuirassier et un fusil qui part. On forme des camps, on fait la petite guerre, on se livre des batailles qui entraînent souvent des horions et la nuit, dans son sommeil, l'enfant se bat en rêve contre les Prussiens ou les Anglais.

Les filles rêvent de belles toilettes, d'équipages, de vie luxueuse uniquement consacrée au plaisir et surtout au plaisir de paraître, d'être admirée, adulée et de faire envie aux camarades.

Elles lisent en cachette les romans-feuilletons, grâce auxquelles leurs mères se consolent d'être obligées de laver elles-mêmes leur linge et leur vaisselle, en s'absorbant dans l'histoire des grandes dames qui se font habiller par des femmes de chambre.

Elles en racontent les émouvantes péripéties à leurs compagnes.

Celles-ci leur font part des histoires qu'elles ont lues aussi et qui, sous d'autres titres, sont toujours les mêmes.

De là naissent des jeux — « si je serais une belle madame, dit une petite en corsage de finette à sa camarade, tu serais ma bonne, nous irions au marché. »

La camarade fait la moue, ne voulant pas être prise pour bonne — mais elle se console en stipulant qu'ensuite elle fera la comtesse et l'autre la femme de chambre.

C'est à cela que se passe les heures qui ne sont pas consacrées à l'école ou à faire les devoirs.

D'ailleurs au point de vue intellectuel, les filles ne le cèdent en rien aux garçons. — Une mémoire plus souple, qui retient plus vite les mots comme des sons, une plus complète incompréhension de ce qu'ils peuvent bien signifier et surtout une absence de toute tentative pour y réfléchir, l'incapacité de suivre le moindre raisonnement — voilà ce qui caractérise l'esprit de la petite fille qui va à l'école.

Devant les grandes personnes, elle a un maintien sage, les yeux baissés, évite les regards et n'a l'air de rien remarquer. Derrière votre dos, les langues se délient, ce sont des réflexions et des expressions qui prouvent que, sous ces paupières baissées, la petite fille voit tout, que, sous cet air indifférent, bouillonne une curiosité de savoir ce qu'on lui cache, et qu'en dehors de l'instruction reçue à l'école et dans la famille, il en est une autre déjà fort avancée et qui a été acquise ailleurs.

Au total : vanité, mensonge, hypocrisie, mépris de sa situation actuelle qui conduit au mépris des parents, développement de l'imagination et de la mémoire aux dépens de l'intelligence, voilà ce qu'on trouve chez les enfants après quelques années d'école.

Que deviennent les espérances fondées sur la justesse et l'activité d'esprit manifestées quelques années avant ?

Autant celui-ci était gentil et intéressant, autant il est devenu désagréable et écœurant.

Vous cessez de vous occuper de cet enfant qui semble destiné à faire un triste individu, et par hasard, vous le retrouvez, à vingt ans, grand garçon ou grande fille.

Vous l'accueillez avec méfiance, vous souvenant de votre désillusion; il vous ménage une nouvelle surprise.

Le garçon a repris un aspect franc et décidé. Sans avoir l'admirable limpidité du regard de l'enfant, son œil ne vous fuit plus, son visage est ouvert. Il répond à vos questions nettement et sans forfanterie, et parle raisonnablement. Quelquefois avec des aperçus qui témoignent d'une intelligence bien en éveil et déjà maîtresse d'elle-même.

C'est un homme et un homme sympathique que l'on a devant soi.

La fille est devenue une femme jouissant de toutes les grâces de la jeunesse, son maintien est réservé sans fausse honte et sans humilité. Elle rit volontiers, manifeste du contentement qu'on lui rappelle ses souvenirs d'enfant, et sans peine, on retrouve en elle les heureuses dispositions qu'elle montrait étant petite fille et qui avaient paru sombrer durant ses années d'école.

Tels sont les faits que nous avons observé souvent, et que toute personne qui s'intéresse aux enfants a pu voir et constater comme nous.

Les parents seuls, laissent passer sans les sentir, ces modifications successives dans la manière d'être de leurs enfants.

Tout petits, ils les admirent pour leur gentillesse, plus grands, pour leurs succès à l'école, plus grands encore pour la situation qu'ils ont su acquérir et les éloges que l'entourage leur décerne.

Les pères et surtout les mères sont aveugles dans leur admiration comme dans leur affection.

Encore une fois, nous sommes obligés de le constater, sauf de rares exceptions, ils constituent pour leurs enfants les pires éducateurs.

Est-ce leur faute ? Evidemment non. Ils suivent le courant, comme les instituteurs, comme tous ceux qui s'occupent de façonner l'enfant au goût du jour.

L'éducation dans chaque temps est le reflet des idées régnantes, qu'elle suit quelquefois de loin.

Il est évident que l'homme fait, professe en général des opinions plus justes, plus indépendantes, plus approchantes de la vérité que la moyenne de celles qu'on enseigne à ses propres enfants.

Ceux-ci sont abandonnés dans la première

enfance aux soins de la mère, ensuite à ceux d'un instituteur et le père se garde de contrecarrer ce qui peut lui déplaire dans l'enseignement de l'école (qu'il ignore, d'ailleurs, généralement) parce que en le faisant il nuirait aux succès de son enfant aux examens.

Il se console en songeant que l'enfant fera ce qu'il a fait lui-même. Sorti de l'école, il se dépouillera bribe par bribe de son vernis d'instruction scolaire comme l'animal, devenu adulte, fait de son enveloppe première. Il n'a garde de penser combien ce travail de métamorphose et d'appropriation exige de peines, retarde l'évolution normale et reste souvent incomplet.

C'est ce manque de réflexion, doublé d'un manque de courage, qui ferme les yeux des hommes d'esprit ouvert et raisonnable sur les énormes inconvénients du passage de l'enfant à l'école.

Cependant, si l'on demandait à ces mêmes hommes leur avis sur la valeur intrinsèque de ce mode d'éducation, sans les exposer à être forcés d'agir suivant l'opinion qu'ils sauraient exprimée, la plupart conviendraient aisément qu'elle ne vaut rien.

Les faits que nous venons de rapporter sont constants. Nous sommes heureux de les appuyer de l'avis d'un des plus grands esprits dont s'honore notre époque : le philosophe Léon Tolstoï :

« En outre de cette action qui fausse l'esprit, et pour laquelle les Allemands ont inventé un

mot si juste, Verdummen (faire perdre l'esprit)
action qui consiste proprement en l'altération
des aptitudes intellectuelles, l'école en exerce
une autre encore plus nuisible : c'est que l'enfant, pendant les longues heures journalières
de l'enseignement, est déconcerté par la vie de
l'école, et soustrait, pour tout ce temps précieux
du premier âge, à ces nécessaires conditions de
développement que la nature même a établies
pour lui.

Il est très commun d'ouïr dire et de lire cette
opinion que les conditions de la maison, la
grossièreté des parents, les travaux des champs,
les jeux du village, etc..., sont les principaux
obstacles à l'enseignement scolaire, tel que
l'entendent les pédagogues ; mais il est grand
temps de se convaincre que toutes ces conditions sont les principales bases de toute instruction, que, loin d'être des ennemies et des obstacles à l'école, elles en sont les premiers et
plus essentiels agents.

Sans ces conditions de la maison, l'enfant ne
pourrait jamais apprendre ni la différence des
lignes qui constituent la différence des lettres,
ni les chiffres, ni la faculté d'exprimer ses idées.

Pourquoi donc, il semble, cette grossière vie
de la maison, capable d'enseigner à l'enfant des
choses si difficiles, deviendrait-elle tout à coup,
non seulement incapable de lui enseigner des
choses aussi faciles que la lecture, l'écriture,
etc..., mais encore nuisible à cet enseignement ?

Le meilleur argument est la comparaison du fils de paysan qui n'a jamais étudié, avec le fils de barine, que son gouverneur instruit depuis l'âge de cinq ans. C'est toujours le premier qui l'emporte en esprit et en savoir.

La curiosité d'apprendre, les questions auxquelles l'école a le devoir de répondre, c'est la vie de la maison qui seule les provoque. Et chaque enseignement doit être la réponse aux questions provoqués par la vie. Mais l'école, loin de provoquer des questions, ne répond même pas à celles que provoque la vie. Toujours elle répond à ces mêmes questions posées voilà bien des siècles par le genre humain et non par l'âge enfantin, questions qui ne touchent pas encore l'enfant.

Comment le monde a-t-il été créé ? Quel a été le premier homme ? Qu'est-ce qui existait deux mille ans avant ? Qu'est-ce que l'Asie ? Quelle forme a la terre ? Qu'adviendra-t-il après la mort ? Comment multiplier des centaines par des milles ? etc...

Quant aux questions de la vie présente à l'enfant, il ne reçoit pas de réponse, pas plus que, d'après la police de l'école, il n'a le droit d'ouvrir la bouche pour demander à sortir ; il doit le faire par signes, de peur de troubler la tranquilité et de gêner l'instituteur.

Mais l'école est ainsi organisée, parce que le but de l'école gouvernementale, établie par l'autorité supérieure, tend dans la plupart des cas, non à instruire le peuple, mais à le façonner d'après notre méthode, et c'est surtout pour cela qu'il y une école et beaucoup d'écoles.

Il n'y a pas d'instituteurs ? Qu'on en fasse ! Il en manque tout de même ? — Qu'on s'arrange de manière qu'un instituteur puisse enseigner cinq cents enfants, qu'on mécanise l'instruction, qu'on recoure à la méthode Lankaster, pupilteachers !

Ainsi entendue, l'école créée par l'autorité supérieure est fondée sur la contrainte, ce n'est point le pasteur pour le troupeau, c'est le troupeau pour le pasteur. Elle n'est point organisée pour faciliter l'étude aux enfants, mais pour faciliter l'enseignement aux maîtres. — L'instituteur n'aime pas le bruit quand on parle, le mouvement, la gaîté des enfants, tout ce dont ils ont besoin pour s'instruire vraiment et, dans les écoles qu'on bâtit comme des prisons, les questions sont interdites, et les conversations et les mouvements.

Au lieu de reconnaître que pour agir efficacement sur un objet quelconque, il faut d'abord l'étudier (et en matière d'éducation, c'est l'enfant libre) les maîtres prétendent enseigner comme ils peuvent, comme ils veulent, et en cas d'insuccès, changer non point leur manière d'enseigner, mais la nature même de l'enfant.

De cette notion ont procédé et procèdent encore à présent (Pestalozzi) des systèmes tendant à mécaniser l'instruction, l'éternelle tendance de la pédagogie à arranger les choses de telle façon que la même méthode puisse servir et pour n'importe quel instituteur, et pour n'importe quel élève.

Il suffit d'observer le même enfant dans la rue, à la maison ou à l'école : vous verrez tantôt un être content de vivre, désireux d'apprendre, le sourire aux yeux et sur les lèvres, qui cherche en tout l'instruction, qui exprime clairement ses idées dans sa langue ; tantôt un être accablé, comprimé, avec une expression de fatigue, d'épouvante et d'ennui qui répète du bout des lèvres des mots étrangers dans une langue étrangère, être dont l'âme, comme un escargot, se retire sous sa coquille. — Il suffit d'observer ces deux états, pour savoir lequel des deux est le plus propice au développement de l'enfant.

Cet étrange état psychologique que j'appellerai l'état « scolaire » de l'âme, et que nous tous malheureusement, nous connaissons trop bien, consiste en ceci, que toutes les facultés supérieures, imagination, génie créateur, dignité, cèdent la place à d'autres facultés semi-animales : prononcer les sons sans égards pour le sens, compter les chiffres à la file, 1. 2. 3. 4. 5... subir les mots sans permettre à l'imagination de les vivifier par des formes, en un mot étouffer en soi toutes les hautes facultés pour n'y développer que les facultés compatibles avec l'état scolaire, — l'appréhension, la tension de la mémoire et l'attention.

Chaque élève tranche fortement dans l'école, jusqu'à ce qu'il ait roulé dans l'ornière de cet état semi-animal.

Dès que l'enfant en est arrivé là, il a perdu toute indépendance ; quand les divers symptômes du mal se manifestent en lui, l'hypocrisie, le mensonge sans but, la stupidité etc. quand il ne tranche plus dans l'école, c'est qu'il a bien roulé dans l'ornière et l'instituteur commence alors à se déclarer content de lui.

Alors aussi apparaissent ces phénomènes, non point accidentels, mais constants : l'enfant le plus sot devient le meilleur élève, le plus intelligent devient le pire élève.

Il semble que ce fait soit assez significatif pour valoir qu'on s'en occupe et qu'on essaie de l'expliquer.

Ce seul fait me paraît démontrer jusqu'à l'évidence la fausseté du fondement de l'école forcée.

En outre de ce mal négatif, l'instinctif dégoût des enfants pour une instruction qu'ils recherchent à la maison, au travail, dans la rue, ces écoles sont nuisibles, physiquement, pour le corps, si intimement uni à l'âme dans le premier âge : mal grave surtout en ce qu'il porte atteinte à l'uniformité de l'éducation scolaire, si même elle était bonne.

CHAPITRE VI

POURQUOI FAUT-IL UNE ÉCOLE ?

Sommaire :

Par la nécessité de la lutte à qui obtiendra le plus
vite une place avantageuse dans la société ? —
L'école est basée sur une erreur, l'oubli de la distinction entre la discipline scolaire et l'instruction
qu'on y reçoit. — Cette distinction une fois acceptée, on verra qu'il est avantageux, même au point
de vue du résultat immédiat, de réduire le plus possible les années d'école, ou, bien mieux, de pro-
portionner les efforts intellectuels demandés à l'enfant au degré de développement de son cerveau.

Nous avons essayé de démontrer dans la première partie de cet ouvrage que l'enfant sorti
des bras de sa nourrice a surtout besoin qu'on
le laisse agir suivant ses instincts naturels, c'est-
à-dire manifester librement ses besoins.

Le rôle de l'éducateur doit être d'éviter que
rien n'empêche l'enfant d'acquérir par lui-même
l'expérience de la vie, tout en veillant à ce que
cet enfant, placé dans un milieu où l'homme a
introduit bien des choses que la nature ne produit pas spontanément, ne soit pas exposé à des
accidents graves que son instinct ne peut lui faire
prévoir.

Un enfant, dans notre monde civilisé, se trouve dans les mêmes conditions qu'un homme qui, connaissant parfaitement la disposition et le mobilier de sa chambre, y entrerait le soir, sans lumière, et viendrait se jeter dans une trappe que, sans l'en prévenir, on y aurait ouverte.

L'instinct naturel de la conservation avertit l'enfant que la douleur est un indice de danger — la réaction naturelle l'empêche de continuer ou de recommencer un acte qui l'a fait souffrir.

Mais là s'arrêtent ses facultés :

Rien ne peut lui faire sentir que le fait de jouer avec un couteau sans se piquer peut occasionner sa mort.

Donc, enlever tous les objets dont le premier contact ne puisse, par une douleur immédiate, provoquer la prudence de l'enfant, surveiller ses mouvements ou mieux en confier la surveillance à d'autres enfants un peu plus âgés et plus expérimentés, bien élevés dans le sens où nous l'entendons, rôle qui revient naturellement aux grands frères, dans les familles nombreuses. N'intervenir directement qu'en cas d'urgente et impérieuse nécessité — mais s'assurer par un examen rapide et fréquent, que le développement de son corps et de son esprit se poursuit normalement — telles sont les fonctions d'un bon éducateur vis-à-vis de l'enfant de deux à six ans.

Pourquoi pas ensuite ?

Question embarrassante. — Si nous ne crai-
gnions pas de paraître tomber dans l'utopie,
nous répondrions, ensuite, il n'y a qu'à continuer le même système d'expectative et d'observation active de la part de l'éducateur, de libre
développement de la part de l'enfant.

Ainsi élevé, l'enfant serait sûrement autrement sain et vigoureux, autrement raisonnable,
curieux de savoir et bien équilibré que les produits de toute autre méthode d'éducation.

Mais quels succès remporterait-il aux examens ?

Comment serait-il apte à gagner sa vie ?

Quelle figure ferait-il dans une société où chacun vit à la hâte, comme dominé par la croyance
à la fin du monde imminente, ou comme s'il
savait sa mort prochaine et qu'il eût à cœur d'accomplir une tâche avant de disparaître.

Cette hâte est telle qu'on ne s'inquiète pas de
savoir mais de paraître savoir, que l'illusion
rapidement obtenue d'une jouissance suffit à
remplacer cette jouissance elle-même, jusqu'à
ce qu'arrivé à la vieillesse, et regardant derrière
lui, l'homme suppute combien il a fait d'efforts
vains à la recherche d'un but inutile, et songe
avec amertume qu'il aurait eu plus de bonheur
à commencer son existence comme il la termine,
en cultivant comme Candide son jardin et dé-
daignant les vanités de ce monde.

Mais, pas plus que ses enfants ne profiteront
de ses conseils et de son expérience, pas plus
les préceptes des philosophes de tous les temps

n'ont pu avoir d'influence sur les actes des hommes de leur temps.

Il faut marcher avec son époque, dit le proverbe.

Celui qui se trouve pris dans une foule où chacun pousse et se presse d'arriver est bien forcé de suivre le mouvement, quelque soit son désir d'aller où il lui plaît.

L'homme du peuple chinois assez sage, assez philosophe pour n'ambitionner rien autre chose que de cultiver en paix son petit coin de terre, d'en vivre et d'en faire vivre sa famille se trouve malgré lui entraîné dans l'ouragan déchaîné sur la terre entière par la cupidité des capitalistes européens appuyés de cuirassés, de canons et d'armes perfectionnées.

Depuis que le besoin de voyager vite a amené l'invention des chemins de fer, des bateaux à vapeur et du télégraphe, les hommes qui peuplent la terre entière se trouvent contraints de suivre, chacun selon ses moyens, la course organisée par les plus pressés.

Et cela jusqu'au moment où les premiers arrivés au but et ayant touché du doigt l'inanité de leurs efforts, se retourneront pour crier aux suivants : « arrêtez-vous, ça n'en vaut pas la peine », avertissement inutile. Ils seront eux-mêmes submergés par le troupeau qui les suit, dépassés, balayés et resteront comme une épave qui marque une étape dans la vie des peuples.

Ainsi en est-il des civilisations disparues ayant eu leur moment de prépondérance : de l'Egypte, de la Grèce antique, de Rome, et peut-être bientôt de notre race.

Jusqu'à ce que ces leçons d'histoire aient pénétré dans tous les cerveaux parvenus à un stade plus avancé d'évolution, la lutte individuelle pour la vie exige des parents prévoyants qu'ils sacrifient un idéal d'existence heureuse et sage pour leurs enfants, à la nécessité de les armer de façon à ce qu'ils puissent être en bonne posture pour suivre le mouvement général.

C'est ce sentiment qui domine l'éducation.

C'est lui qui entraîne bien des parents, cependant éclairés à forcer le cerveau de leurs enfants comme l'horticulteur force des plantes en serre, pour obtenir le plus tôt possible des résultats.

Ces parents craignent que s'ils élevaient leurs enfants d'une façon plus raisonnable, s'ils attendaient pour les instruire que les enfants en manifestent le désir et l'aptitude, ceux-ci leur reprochent plus tard de ne pas les avoir élevés comme leurs camarades et de les avoir mis aussi en état d'infériorité au point de vue d'un examen ou d'un concours.

Eh bien ! même à ce point de vue, (bien secondaire à notre avis) cela n'est pas exact.

L'enfant qui aura commencé ses études plus tard que les camarades, les aura vite rejoints et bientôt après dépassés.

Il ne faut pas confondre l'instruction qu'on

reçoit à l'école avec la discipline intellectuelle qui est son but essentiel, de même que plus tard à la caserne, il faut distinguer l'apprentissage de la guerre de la soumission aux chefs. Le premier nécessite d'un homme médiocrement intelligent et ininstruit six mois de service. Trois ans de caserne ne suffisent pas, de l'avis des gens compétents, pour bien discipliner (d'aucuns disent abrutir) un homme intelligent et instruit.

Il en est absolument de même à l'école.

L'instruction raisonnée s'y acquèrera d'autant plus vite que l'enfant sera plus à même de comprendre, c'est-à-dire plus mûr, plus avancé en âge.

Mais sa faculté d'accepter et de répéter aisément tous les mots qu'on lui dicte sera d'autant diminuée, il n'aura plus le respect absolu de la parole du maître, ni la croyance aveugle dans l'opinion du livre.

Une étude de l'école aux divers stades de l'évolution humaine montre que plus elle fut autoritaire, plus elle réclamait d'assiduité de la part de l'enfant et moins elle lui donnait d'instruction.

CHAPITRE VII

L'ÉCOLE D'AUTREFOIS

Sommaire :

L'école était purement religieuse, théocratique — réservée à un petit nombre d'enfants, dont les meilleurs sujets servaient au recrutement de la classe ecclésiastique. — C'est au milieu de ce fatras de doctrines, de systèmes et de propositions contraires au bon sens que sont surgies les œuvres géniales de Rabelais et de Molière — prouvant l'invincible résistance de la raison de l'homme aux plus habiles tentatives pour la fausser ou la détruire.

L'éducation chez les barbares, nos ancêtres, (comme actuellement chez les peuplades sauvages) avait pour unique but de dresser l'enfant à pourvoir lui-même par la chasse, la pêche et la guerre à ses besoins essentiels.

A mesure que les armes plus perfectionnées exigent de celui qui s'en sert moins de force et plus d'adresse en lui assurant une plus grande puissance, l'éducation ne doit plus développer seulement le corps de l'enfant, mais aussi son cerveau.

L'union des hommes en société par l'aide mutuelle qu'elle leur procure et la plus grande sécurité qui en résulte pour chacun, développe à la fois les sentiments de justice, de solidarité, de respect aux lois nécessaires et permet en même temps à l'homme libéré de l'unique souci de sa propre conservation, de songer davantage à son bien-être.

Ce besoin, sans cesse accru de génération en génération, entraîne l'homme à une lutte persévérante contre la nature qu'il n'arrive à dominer et à adapter à ses besoins que par une connaissance de plus en plus approfondie de ses lois.

La culture cérébrale nécessaire à cette connaissance doit commencer dès sa jeunesse : aussi apprend-on à l'enfant à connaître les signes grâce auxquels les hommes d'une génération lèguent à ceux qui les suivent les résultats qu'ils ont eux-mêmes reçus et accrus.

Ainsi est né le besoin d'instruire les enfants.

Pour maintenir tous les hommes dans le respect de ces croyances, un certain nombre d'entre eux se donnent comme les représentants parmi eux de ces forces supérieures.

Ils en dictent les lois et en surveillent l'exécution, promettent en leur nom des récompenses futures et distribuent des punitions immédiates parmi lesquelles la mort figure fréquemment.

Tous les citoyens s'inclinent devant ces concitoyens armés d'une puissance sortie de leur imagination : les prêtres commandent aux chefs des armées, imposent leur volonté aux législateurs, constituent une magistrature indépendante de celle des magistrats et surtout accaparent l'éducation des enfants.

N'ayant à s'occuper ni de sa défense, ni de subvenir à ses besoins, recevant de ses pairs une doctrine toute faite, le prêtre a l'esprit plus souple, plus cultivé que la moyenne des hommes de son temps.

Les confidences que tous les hommes sont obligés par la religion de lui faire de tous leurs sentiments et des mobiles les plus secrets de leurs actes, donnent au prêtre une connaissance approfondie de l'âme humaine et des moyens d'action qu'on peut avoir sur elle.

Il connaît ainsi toute l'importance de la direction imposée à l'éducation de l'enfant et parmi ses fiefs, celui-là est celui auquel il tient le plus.

Il agit sur l'esprit de l'enfant par tous les puissants moyens qu'il possède : crainte de châtiments, attrait de récompenses, symboles qui effraient ou enthousiasment l'imagination de l'enfant — séduction par des paroles douces et des caresses — extasés par le son des orgues dans ces édifices merveilleusement combinés pour exalter les sens dans des rêves où s'éveillent les premiers besoins d'amour.

L'imagination de l'enfant se développe par tous ces moyens infiniment plus que la raison. C'est là ce que cherche l'éducation religieuse.

L'enfant n'a pas besoin de raisonner — puisque tout ce que le prêtre lui dit, doit être cru sur parole et accepté sans discussion. — Il n'a d'autre effort à faire que d'exercer sa mémoire pour retenir exactement les mots vides pour lui de sens, que ses lèvres murmurent depuis sa prime enfance.

Si, malgré cette discipline, une curiosité de comprendre se manifeste, elle est vite réprimée par une menace, un châtiment et surtout par une froideur du prêtre à l'égard du sujet indocile, qui en est plus affecté que de toute autre punition.

Au contraire, les meilleurs des enfants, c'est-à-dire les plus dociles, sont désignés d'avance pour entrer dans la corporation après maintes épreuves par lesquelles on s'assure qu'ils en accepteront, en suivront et en imposeront les règles étroites et sévères.

Ce choix, apprécié comme un bonheur par l'enfant soigneusement préparé à cette fin, comme un honneur par ses parents, assure à la caste des prêtres un recrutement facile.

Ainsi s'augmente leur nombre, tandis que s'accroît leur puissance par les dons incessants de gens ayant amassé, par maintes exactions, et voulant acheter par l'abandon de ces riches-ses, la promesse qu'ils n'en seront pas punis dans l'autre monde — par les guerres que sou-tiennent pour leur seule défense et pour leur plus grand profit des chefs d'armée à l'esprit borné et heureux d'avoir un prétexte honorable pour combattre et piller — enfin, par leur in-fluence sur les femmes qui n'attendent pas pour accepter leur entière domination d'avoir envisagé la mort, mais conservent, durant toute leur existence, la crainte mélangée d'amour que le prêtre a su leur inspirer pendant leur enfance.

Mais la principale puissance des prêtres réside dans leur obéissance absolue à une règle spéciale qui leur est commune, et à un supérieur choisi par eux qui est chargé de veiller à son exécution.

Aucun sentiment humain, aucune révolte de la justice ou du bon sens ne peuvent prévaloir contre cette discipline inflexible. Et pour qu'aucune tentation, venant des rapports avec le commun des hommes, ne risque d'éveiller une lutte dans l'âme du prêtre, un grand nombre d'entre eux se sont matériellement séparés du monde dans des établissements fermés à tous les autres hommes et où, l'imagination surexcitée jusqu'au délire par la continence, l'oisiveté, la solitude, une nourriture et un sommeil insuffisant, les souffrances corporelles, la récitation fréquente de paroles consacrées, et leur effort constant pour s'extérioriser, ils sont mûrs pour accomplir aveuglément toutes les besognes qu'il plaira à leurs chefs de leur ordonner.

C'est par de tels moyens qu'ont pu se produire toutes les atrocités de l'Inquisition, ce sont ces mêmes moyens qu'emploient encore de nos jours les fanatiques de toutes sortes : Fakirs de l'Inde, Derviches, Aissaoüas ou membres de l'Armée du Salut pour étouffer en eux la révolte des sens et de la raison.

La puissance formidable acquise par ces couvents de moines au Moyen-Age peut être appréciée en observant celle qu'ils possèdent encore à notre époque où la religion se limite pour la grande majorité des gens à un simulacre.

Si l'on songe qu'à cette époque une hiérarchie impérieuse étendait à toute la société son cadre inflexible — que la féodalité imposait aux serfs d'obéir aux manants, aux manants d'obéir aux seigneurs, et à ceux-ci de se soumettre successivement aux plus élevés d'entre eux — que cette hiérarchie existait dans chaque province, indépendante de la province voisine de telle sorte que chacune constituait une puissance séparée et que cette division se reproduisait dans l'Europe entière. Qu'il en résultait inévitablement un état de guerre pour ainsi dire permanente de ces diverses puissances entre elles par où elles s'affaiblissaient mutuellement.

Qu'au regard de cette organisation qui, par trop d'autorité devenait en réalité anarchique, la caste des prêtres constituée au contraire sur le principe de l'élection qui marque un stade plus avancé dans la civilisation des peuples et assure un meilleur emploi de leurs forces, étalait sur tout le monde civilisé sa double trame de prêtres séculiers chargés des rapports directs avec les hommes et de prêtres réguliers — en apparence séparés et absorbés dans les rapports directs avec la divinité, mais en réalité, dirigeant secrètement les actions humaines suivant le mot d'ordre reçu de leurs chefs et par le moyen des

prédications, du confessionnal et de leurs accointances avec les puissants seigneurs.

Qu'autant de couvents de femmes venait dou-
bler l'influence des couvents d'hommes par
l'apport de grosses dots, de hautes relations, et
par la main mise sur l'éducation des filles comme
l'avaient les moines sur l'éducation des garçons.

Que cette armée formidable indissolublement
unie et obéissant aveuglement à la voix d'un
chef était flanquée de soldats sans uniforme,
remplissant le rôle d'éclaireurs et d'espions,
congréganistes sans costume, laïques embriga-
gadés dans un ordre religieux — qui, vivant de
la vie ordinaire, appartenant à toutes les classes
de la société, exerçant n'importe quelle fonction, ou quel métier, pouvaient tout à leur aise
enquêter, s'informer, influencer, puis tout rapporter à leur congrégation.

Qu'à mesure que se transformait la société civile évoluant, non sans tiraillements et sans
cahots inséparables de toute transition, vers un
nouvel état d'équilibre, l'organisation du clergé
ne subissait aucune modification sérieuse, se
perpétuait sans à-coups et restait par là même la
seule puissance stable au milieu des désordres
du dehors.

Quand on songe à cette période de l'histoire,
on ne peut être surpris qu'elle se résume presque
uniquement à celle de la domination religieuse.

Si une chose doit au contraire surprendre,
c'est que l'homme ait pu échapper, peu à peu,
à cette domination.

Ces gens avaient la richesse sans l'occasion de dépenser, ils avaient l'union qui permet aux plus petites nations d'en vaincre d'infiniment plus grandes mais mal organisées.

Ils avaient la confiance absolue des hommes basée sur la terreur. — Ils pénétraient dans l'intimité des ménages, comme dans les cours des rois les plus puissants et tenaient en main les secrets des États, comme ceux des moindres familles. — Ils pouvaient à leur gré causer à chacun de la joie ou de la peine, déchaîner la guerre ou imposer la paix, faire incarcérer et périr qui il leur plaisait sans jugement et presque sans qu'il y parût. — Ils faisaient des mariages, en annulaient d'autres — héritaient ou faisaient hériter celui qu'ils désignaient. — Enfin par dessus tout, ils avaient seuls, absolument seuls, le droit d'élever et d'instruire les enfants des deux sexes, c'est-à-dire de faire pénétrer, dès la prime jeunesse, dans les cerveaux leurs idées, leurs doctrines et la crainte de leur puissance.

Ils avaient tout cela et tout cela peu à peu leur échappe. — Quelle faute ont-ils donc commise ? Quel oubli dans leur plan d'action pourtant si habilement conçu dès l'origine et sans cesse revu, corrigé et perfectionné ?

Contre quelle puissance supérieure ont-ils eu à lutter et finalement à s'incliner ?

Uniquement contre la raison de l'homme.

L'impuissance de cette raison avait permis au prêtre de prendre une place prépondérante

dans la société comme ministre d'une religion
que l'homme croyait nécessaire à son bonheur.
Le développement de cette raison se faisant,
malgré tous les obstacles qu'accumulait contre
elle le moine prescient du danger, a permis à
l'homme de voir qu'il pouvait fort bien vivre
sans religion — et par suite de considérer le
prêtre pour ce qu'il est, un homme de même
essence que les autres, faisant, comme les autres, un métier pour vivre, mais un métier qui
menace les autres hommes parce qu'il consiste
à accaparer leur fortune, leur famille, et leur
liberté pour accroître la puissance de la secte à
laquelle il appartient.

Pour qui connaît l'esprit humain et l'histoire
de son évolution, il est évident que cette déli-
vrance n'a pu se faire tout d'un coup. — La
meilleure preuve en est qu'elle n'est pas encore
accomplie.

Il nous suffit pour démontrer qu'elle s'effec-
tue, de comparer l'éducation des enfants telle
qu'elle se donnait au Moyen-Age à celle qu'ils
reçoivent maintenant.

L'éducation au Moyen-Age différait essentiel-
lement suivant que l'enfant, appartenant à la
caste noble, était l'aîné de la famille et par suite
destiné à hériter de tous les droits seigneuriaux
— suivant que, issu d'une famille noble, il n'é-
tait que cadet — suivant qu'il appartenait à la
classe non noble mais aisée des commerçants,
artisans, etc... ou enfin à la classe des manants,
ouvriers ou paysans.

Dans la première catégorie, jusqu'à sept ans, l'enfant noble de père et mère était absolument livré aux femmes, — à sept ans il passait des mains des femmes à celles des hommes, — il allait apprendre la chasse et la guerre à la cour du duc, d'un baron ou d'un simple seigneur.

Il devenait page, varlet ou damoiseau « on lui enseignait l'amour de Dieu et des dames ». Il choisissait déjà celle qui devait présider à sa vie. — Bientôt son père et sa mère, un cierge en main, le présentaient à l'autel. — Il recevait du prêtre une épée et une ceinture bénites : il passait écuyer — ce titre le rapprochait de son seigneur et de sa dame sous diverses formes.

Il y avait des écuyers d'écurie, de paneterie, d'échansonnerie, de chambre, des écuyers tranchants, des écuyers de corps.

Ceux-ci étaient les plus élevés — nouvelle période d'éducation au milieu des chevauchées, des batailles, des réceptions, des sièges, des festins, des tournois, jusqu'à l'âge de vingt et un ans.

Alors le jeune homme recevait d'un parrain, en une cérémonie religieuse, l'investiture ou plutôt le sacrement de la chevalerie.

La première science, c'était la guerre. — Après la guerre, la fauconnerie et la chasse, c'est-à-dire la guerre sous une autre forme. — Quant aux lettres, à l'éloquence et à la poésie, elles résidaient sur la rote des chanteurs populaires, dans les palais épiscopaux et dans les cloîtres. — L'idiome local était la langue des

chanteurs populaires ; il va sans dire que celle
des prêtres et des moines était le latin.

La vie des saints illustres, quelques biographies de puissants seigneurs, les controverses
sur un point de théologie, et quelques études
de mœurs locales composaient l'œuvre de ces
éminents personnages.

Ils sortaient tous des écoles ouvertes par les
évêques ou abbés, dans les cathédrales ou les
monastères. La plupart des évêques enseignaient
eux-mêmes la théologie, la morale, la dialecti-
que, la rhétorique, la géométrie, l'arithmétique,
la musique et souvent la poésie.

Le second concile de Tours ordonnait à
chaque abbé d'avoir dans son cloître un lieu
séparé pour l'enseignement. Chaque couvent
avait sa bibliothèque, ses conférences et ses
lectures publiques, qui étaient à la disposition
des laïques désireux de s'instruire.

Quelques-uns de ces établissements s'acqui-
rent une renommée supérieure aux autres et
attiraient les écoliers de régions quelquefois
éloignées désireux de suivre l'enseignement
réputé le meilleur.

Plus tard se fondèrent des universités dans
les grandes villes — organisations propres
ayant leurs lois, leurs mœurs, leurs tribunaux
et formant à proprement parler un état dans
l'Etat.

Bien que des laïques pussent professer dans
ces universités, l'enseignement avait toujours une
base religieuse et la main de l'Eglise lui impri-

mait en réalité sa direction — de même que les fonds de l'Eglise contribuaient pour une large part au frais nécessaires.

Nous voyons qu'au début du quatorzième siècle, Guillaume de Coatmohan, chanoine de Tréguier, pour faire participer les écoliers bretons aux bienfaits de l'université de Paris, créa dans cette ville le collège de Tréguier qui est devenu depuis le collège royal de France.

Les écoliers qui fréquentaient ces collèges dans les monastères, les abbayes, les évêchés et les universités étaient ou bien des cadets de famille noble qui, ne pouvant compter sur leur seule naissance pour faire figure dans le monde, étaient tenus de faire preuve de quelque valeur personnelle dans les combats ou par la parole — ou bien des enfants pauvres apparentés de près ou de loin à quelque membre du clergé — ou jouissant de leur protection.

Les autres enfants, c'est-à-dire le plus grand nombre, ne recevaient absolument aucune instruction.

En dehors de l'instruction purement religieuse qui primait toutes les autres, même dans les universités, l'instruction qu'on procurait aux enfants était destinée à leur donner une apparence pédante de savoir avec l'habitude de la discussion suivant les règles inflexibles de la logique — mais ne développait que fort peu le raisonnement.

Pour nous en rendre compte, nous n'avons qu'à feuilleter Rabelais qui nous apprend comment Gargantua fut « institué par un sophiste en lettres latines » et comment « un grand docteur sophiste lui apprit sa charte si bien qu'il la disait au rebours — puis lui lut le Donat, le Facet, Théodolet, et Alanus en Parabolis. — Cependant il lui apprenait à écrire gothiquement».

Quelques pages plus loin la « Harangue de maître Janotus de Bragmardo faite à Gargantua pour recouvrer les cloches de Notre-Dame » est le plus plaisant et le plus admirable type de l'argumentation scolastique.

Rabelais lui fait dire en latin de cuisine (le seul usité en langage courant) que « la Faculté est comparable aux juments ignorantes et est devenue semblable à elles ». — L'appréciation n'était certes pas exagérée.

Plus loin il décrit l'étude de Gargantua sous ses précepteurs sophistes et l'on n'y trouve d'autre occupation intellectuelle que d'écouter des messes, dire des patenôtres ou discuter sur les Evangiles.

Comment d'une telle discipline ont bien pu sortir un Marot, un Villon et surtout un Rabelais ?

C'est que ceux-là avaient apporté en naissant un jugement droit, qui s'est développé par suite de circonstances que leurs biographies ne nous ont pas relatées, mais que nous devinons aisément en sachant que, comme Panurge, ils étaient sujets à une maladie qu'on appelait en ce temps là :

« Faute d'argent, c'est douleur non pareille. »

Le besoin perpétuel d'argent aiguisé par les goûts de tous les plaisirs, de toutes les jouissances, leur faisait vivement sentir les travers des maîtres qu'ils méprisaient et les vices de la société dans laquelle ils vivaient misérablement. Leur pauvreté les forçant à vivre avec les gens du peuple, ils appréciaient vite les qualités profondes de ces esprits incultes, non disciplinés et par conséquent droits.

Eux-mêmes, subissant ainsi en dehors de l'école des prêtres et des sophistes, l'heureuse influence de la grande école de la rue, ne risquaient plus de s'empêtrer dans le dédale des « distinguo » et des « syllogismes ». Cette rude école de la vie, ils la subissaient durant toute leur existence dépensant des trésors d'imagination pour trouver à déjeuner et recommençant pour dîner. Ayant comme Panurge (ce qui était la vérité pour Villon) « soixante et trois manières de trouver de l'argent à son besoin, dont la plus honorable et la plus commune était par manière de larcin furtivement fait », mais ayant bien davantage de manières de le dépenser.

Ne les plaignons pas trop. C'est à cette vie d'aventures qu'ils ont dû leur esprit aiguisé et leur jugement indépendant.

Et surtout ne nous en plaignons pas ! C'est à elle que nous devons les immortels écrits qui ont été comme le ferment suscitant chez les générations suivantes le besoin de plus en plus impérieux de comprendre, de juger, et de critiquer librement.

Sans Rabelais aurions-nous eu Molière? Et sans Molière les philosophes du dix-huitième siècle !

Comme un fleuve qui, vers son embouchure, s'étalant librement dans une large vallée, perd la beauté âpre et sauvage de son cours torrentiel, mais arrose et fertilise une plus grande partie du sol, de même la liberté d'esprit qui se manifeste dans Rabelais sous une forme si originale et si tourmentée acquiert chez ses successeurs moins de saveur et témoigne d'une moindre puissance personnelle mais devient accessible à un plus grand nombre de lutteurs.

Si bien que peu à peu de moins grands génies dominent moins nettement la masse des hommes qu'ils ont contribué à hausser vers eux. La science réservée d'abord à quelques rares individus devient le domaine de tous, ou du moins tous se réclament d'elle, comme si le manteau suffisait à cacher le néant de celui qui le porte.

CHAPITRE VIII

L'ÉCOLE D'AUJOURD'HUI

Elle n'est plus sous la domination absolue et reconnue de l'Eglise. — L'Etat cherche peu à peu à la lui enlever et y est parvenu en partie, du moins officiellement en France. — Mais, dans les établissements de l'Université combien de traces ne reste-t-il pas de la tradition théocratique dont ils sont issus ? — Mais, à côté d'eux combien subsistent d'institutions congréganistes qui, mieux qu'eux, obtiennent le résultat que recherchent les parents à savoir les succès aux examens et aux concours et ce qu'on entend dans le monde par une « bonne éducation »? — Comme la société bourgeoise repose encore tout entière sur des conceptions issues des doctrines religieuses, l'éducation religieuse est celle qui prépare le mieux les jeunes gens à briller dans cette société. — Cependant, hors de France, les missionnaires, étalent impunément, sans obstacles, leur originelle tendance à l'accaparement des biens et à la domination des esprits et font considérer par les étrangers comme l'esprit français ce que les bons Français combattent comme étant l'esprit de Rome.

A notre époque, l'instruction donnée aux enfants est officiellement libérée de la religion.

Ce ne sont plus les prêtres qui détiennent le monopole de l'enseignement, ce sont des fonctionnaires laïques.

Les écoles primaires ne sont pas ouvertes aux seuls enfants de l'aristocratie ou protégés du clergé — elle est obligatoire et gratuite pour tous les enfants de sept à treize ans.

Les enfants y reçoivent un enseignement officiel, identique dans la France entière et à peu de chose près dans tout le monde civilisé, et cet enseignement consiste, non plus seulement à leur apprendre par cœur les prières, les évangiles et l'histoire sainte, mais à leur inculquer les éléments de toutes les connaissances humaines.

Ensuite, il est vrai, ceux qui veulent poursuivre plus loin leurs études doivent payer cette instruction, mais cette obligation qui écarte la plupart des enfants des pauvres de l'enseignement secondaire, n'établit pas de différence entre les nobles et les non nobles, entre les enfants appartenant aux différentes religions.

Dès le moment que les parents peuvent subvenir aux frais d'études, leurs enfants recevront tous la même instruction. — Les professeurs de l'Université, tous pénétrés des mêmes doctrines, initieront tous leurs élèves aux beautés de la littérature grecque, latine et française, aux grands faits de l'histoire des peuples depuis les Assyriens jusqu'à la Révolution française, à la géographie, aux mathématiques, à l'histoire naturelle, aux sciences physique et chimique, à la mécanique et à l'astronomie, et quelque peu à la connaissance des langues étrangères parlées par les nations voisines.

Il n'est pas de connaissances humaines dont le jeune homme sortant du lycée n'ait entendu parler.

Cependant le mot de religion n'aura pas été prononcé et si, dans quelques-uns de nos établissements universitaires (tel le lycée de Laval) s'étale encore au-dessus de la chaire du professeur dans toutes les classes un grand crucifix, si un aumônier catholique est logé au lycée et y est traité comme un professeur de l'Université, ce sont là les rares et seuls vestiges apparents de l'ancienne domination religieuse.

Celle-ci n'a pas cependant complètement abdiqué. — En face de nos établissements universitaires, s'élèvent des institutions somptueuses où les enfants très riches et du meilleur monde viennent prendre, avec de bonnes manières, une instruction religieuse solide combinée avec une habile préparation à tous les examens et concours qui ouvrent la porte des carrières libérales.

Mais même dans ces institutions dirigées et administrées par des religieux, la discipline et l'enseignement ne sont plus ce qu'ils étaient autrefois.

Les Jésuites, Dominicains et Maristes, principales congrégations enseignantes, sont des gens trop habiles, trop instruits de ce qui se passe dans le monde extérieur, pour s'être proposés de faire des enfants qu'on leur confie uniquement des hommes pieux, forts en théologie, et imbus des préceptes de la religion, parmi lesquels ils puissent recruter des adeptes consacrant leur vie aux prières et à l'adoration de Dieu.

Ils tiennent au contraire à produire des élèves qui fassent bonne figure dans le monde et qui, en s'élevant aux premières places dans la société, ne conservent de leur éducation religieuse qu'un lien de reconnaissance et d'intérêt vis-à-vis de leurs anciens maîtres — par lequel ceux-ci, tout en les aidant à parvenir, se serviront d'eux pour protéger et faire arriver leurs élèves des générations suivantes.

Dans cet enseignement religieux ainsi pratiqué, la religion n'est plus le but, mais un moyen. Elle n'existe qu'en façade, représentée par la robe des prêtres qui le dirigent et par la chapelle qui s'ouvre à côté de la porte de l'établissement.

Mais les professeurs sont en grand nombre laïques, les programmes suivis sont ceux de l'Université, et on ne juge pas la valeur des élèves à leur piété mais à leurs succès d'études. Ce ne sont pas des gens pieux qui recherchent ces établissements pour leurs enfants ; ce sont ou bien des riches qui jugent de bon ton d'y faire élever leur fils ou des gens avisés qui veulent augmenter les chances de succès aux examens que leurs enfants auront à subir.

La majorité des parents, en France, ont surtout en vue, dans l'instruction de leurs enfants, le résultat immédiat et tangible de l'accès à une grande école du gouvernement d'où leur fils sortira pourvu d'une situation bien rétribuée, bien considérée, et par conséquent d'un brillant avenir assuré — même s'il n'avait aucune valeur personnelle et s'il passait le reste de son existence à se reposer des quelques années de surmenage subies pour se préparer au concours, comme la plupart des Médecins et Chirurgiens des Hôpitaux ou Agrégés des Ecoles de Médecine qui ont obnubilé leurs brillantes qualités par des concours stupides où la mémoire et les influences jouent un rôle si important, et qui n'arrivent à décrocher la timbale que pour être ensuite en grande majorité des êtres fourbus, incapables de tout travail personnel, fournissant par leur triste exemple l'explication de l'éclipse actuelle de la science médicale française si glorieuse jadis.

Pour tous ceux-là, les établissements religieux offrent des avantages incontestables sur les établissements universitaires : cachée sous une apparence affectueuse et sous des manières onctueuses, une discipline inflexible pèse sur l'enfant à toute heure du jour et pendant toutes ses occupations.

En classe, on ne lui donne pas à choisir entre plusieurs opinions, plusieurs points de vue ou même plusieurs manières d'apprendre — on lui livre toute faite la meilleure — la seule à accepter et à retenir, et elle lui est présentée de la façon la plus aisément assimilable — avec le moyen mécanique et ingénieux de le retrouver dans sa mémoire, en cas d'oubli. On en défalque, avec soin, tout ce qui pourrait donner carrière à des réflexions personnelles en dehors du sujet, ou troubler la netteté du schema.

Toutes les connaissances humaines sont ainsi réduites en sommaires juste suffisants et nécessaires pour donner en quelques minutes à un examinateur l'illusion qu'on les possède.

La mémoire et la faculté de s'assimiler des notions incomprises se développant aisément, par une gymnastique constante chez l'enfant, on ne néglige rien pour faciliter ce développement — on s'oppose, par tous les moyens, à toute tentative connexe de réfléchir, de juger, d'imaginer.

Toute tendance d'initiative individuelle, de spontanéité, manifestée même hors des classes, dans les conversations ou dans les jeux est blâmée, ridiculisée, punie.

Les religieux participent aux récréations des enfants, se mêlent à leurs jeux, à leurs conversations de manière à toujours les tenir sous leur influence.

Ils veillent en même temps à ce que leurs élèves acquièrent et conservent ces bonnes manières qui, dans le monde, apprendront vite à distinguer ces jeunes gens bien élevés issus d'une bonne famille et sortant d'une bonne maison.

Les jours de sortie ou à la promenade, tous les élèves portent des gants. Ils doivent se parler entre eux comme des messieurs et le ton des conversations de ces garçons de quinze ans dans la cour de récréation ne détonerait pas dans un salon du Faubourg.

D'ailleurs nul moyen d'échapper à la surveillance des pères les lettres adressées même aux parents et celles adressées aux enfants par les parents sont lues avant d'être expédiées et interceptées si on le juge nécessaire.

Si bien qu'un enfant incapable de supporter plus longtemps une telle tyrannie morale et qui écrit à ses parents de le reprendre, peut voir, pendant des mois, ses demandes et ses supplications rester sans réponse, parcequc ses lettres ont été supprimées ou modifiées à son insu.

Nous en connaissons des exemples.

Pour adoucir aux élèves l'accoutumance pénible à ce régime tortionnaire, les religieux multiplient habilement les distractions compatibles avec la discipline. — Leurs établissements, tous très vastes et pour un bon nombre situés à la campagne, comprennent, au lieu des ignobles préaux de nos lycées, de vastes pelouses, comme lieux de récréations. Tous les jeux, tous les sports, y sont encouragés ; les enfants y trouvent une détente de leur système nerveux dans l'exercice musculaire et la possibilité de rire, crier et s'ébattre violemment.

Le bien-être est d'ailleurs assez grand dans ces établissements où le prix de la pension est élevé et d'autre part les frais moindres, puisqu'à part quelques professeurs, toute l'administration est remplie par les religieux.

Ainsi s'accroît d'année en année la prospérité, la richesse et le nombre de ces maisons en opposition avec les dépenses qu'occasionnent au budget de l'Etat les établissements universitaires, pour obtenir finalement aux concours des succès relativement moindres, — seule sanction appréciée par les parents.

Ce résultat surprenant s'explique pour une grande part par la méthode d'instruction donnée dans les maisons religieuses et qui a été justement dénommée : « *méthode de chauffe* ».

L'élève n'ayant à apprendre que des notions simples, nettes, précises, sans perdre un instant ni un effort pour en savoir plus long, répétant à satiété ces notions sous la forme même où il aura à les présenter à l'examinateur, préparé pour le moment de cet examen comme un cheval de course l'est par un habile entraîneur en vue d'une grande épreuve, ne peut manquer, ce moment venu, de les débiter imperturbablement et sans effort de mémoire ni d'intelligence à moins qu'il ne soit absolument susceptible d'aucune culture. — Or, dans ce cas, on ne le présente pas.

Tout élève jugé au bout de quelques mois, incapable de subir avec succès un concours, est éliminé.

De là une brillante proportion de succès par rapport au nombre de candidats présentés.

Mais ces succès ont encore d'autres causes qui, pour n'être pas aussi évidemment reconnues, ne sont un secret pour aucun des candidats de l'Université se présentant au concours

concurremment avec les élèves des établissements religieux.

Un bon nombre d'examinateurs sont ou anciens élèves ou anciens professeurs de ces établissements religieux et leur faveur se manifeste
discrètement mais sûrement aux candidats de
ces maisons de manière à fausser, dans une notable proportion, les résultats de chaque année.

D'autres examinateurs, fermes universitaires,
sont des hommes faibles dans leur vie privée,
accessibles aux flatteries des gens riches ou
haut placés, désireux de satisfaire des gens qui
peuvent leur être utiles ou enfin subissant dans
leur ménage, l'influence d'une femme elle-même
dominée par son confesseur.

Par quelqu'un de ces moyens et souvent par
tous ces moyens combinés et d'autres encore,
les religieux réussissent dans le lent et persé-
vérant travail qu'ils poursuivent dans le monde
pour se rendre favorables les juges des concours
qui paraîtraient les plus mal disposés.

Enfin quand l'élève a été reçu dans une grande
école : Saint-Cyr, Navale, Polytechnique, les
parents savent encore qu'à la sortie, les bons
Pères qui l'ont instruit ne l'abandonneront pas ;
leurs élèves formeront entre eux un groupe
puissant par leur nombre, par leur union et par
la protection assurée des anciens et des professeurs de même origine.

Cette utile camaraderie se continuera à la sortie. Les officiers au régiment ou sur leur vais-
seau, les fonctionnaires dans n'importe quelle

ville savent en y arrivant quelles personnes ils peuvent aller trouver pour être assurés de rencontrer chez elles un bon accueil, des renseignements utiles, et un appui en toutes circonstances.

Les Pères servent de liens et d'intermédiaires entre tous leurs anciens élèves, veillent à ce qu'ils continuent de les venir voir ou de leur écrire et de leur faire connaître leurs changements de résidence et de situation.

C'est aux Pères que les anciens élèves s'adressent avant tous pour obtenir un changement, un avancement, une place enviée, et pour se marier. — La très grande majorité des brillants mariages par lesquels s'obtiennent de grosses fortunes et de puissantes influences se font par l'entremise des Pères.

Ils sont maîtres incontestés dans ce rôle, car ils en tiennent tous les fils. D'une part ils dominent toujours l'esprit de leurs anciens élèves; d'autre part ils possèdent par le confessional la confidence et la confiance des mères et des jeunes filles, sur lesquelles ils influent également par l'intermédiaire des sœurs qui les ont élevées.

Il n'est pas jusqu'à des conversions qu'ils n'effectuent quand cela est nécessaire, pour gagner du même coup une belle dot pour un de leurs affiliés et une prosélyte qui, dans l'enthousiasme de sa foi récente, leur ouvrira toute grande sa bourse pour leurs diverses œuvres.

— Leurs établissements religieux se doublent

en effet d'établissements pieux et charitables de divers ordres.

Dans les uns comme dans les autres le but proclamé est de secourir matériellement les misères humaines tout en prodiguant les consolations de la religion et en ramenant dans son sein les indifférents et les incrédules.

Dans tous, le véritable objectif est d'étendre aux classes pauvres de la population le réseau qui unit sous le nom de camaraderie les religieux laïques appartenant aux classes riches.

C'est la raison d'être des cercles catholiques ouvriers, des bureaux de placement dirigés par des religieux et des religieuses, etc.

Si vous allez dans un de ces bureaux de placement (il en existe plusieurs à Paris, notamment dans le quartier Saint-Sulpice et le quartier des Ternes), pour demander une domestique, un avis imprimé placardé dans le parloir vous informe que vous devez d'abord vous engager à envoyer la domestique chaque dimanche passer quelques heures dans l'établissement religieux — que vous devrez en outre non seulement lui permettre de remplir ses devoirs de piété, mais y veiller, tous ces exercices devant avoir lieu à la maison de placement religieuse.

Peut-on avouer plus franchement que la jeune fille qu'on place chez vous comme bonne, n'est en réalité qu'un espion, chargé de rapporter à la congrégation tout ce qu'elle aura chez vous surpris, vu, entendu, soupçonné, deviné ou inventé.

Notons qu'un très grand nombre de gens peu

ou pas religieux, tiennent beaucoup à aller prendre leurs domestiques dans ces maisons de placement religieuses qui sont, à leur avis, une garantie de moralité. — Constante manifestation de l'imbécilité humaine qui fait que le plus bruyant libre-penseur aura toujours plus de confiance dans la robe d'un moine que dans un autre libre-penseur.

Que dis-je? plus un homme étalera d'impiété en public, plus, dans son for intérieur et dans sa vie privée il sera sensible aux influences des congrégations — plus il mange du prêtre entre camarades, plus il s'inclinera bas devant la robe d'une sœur, quand on ne le voit pas.

Mais le clergé a tort d'en triompher, ce n'est pas là l'aveu d'une foi gardée secrètement à la religion de ses pères, c'est tout bonnement la manifestation honteuse d'une lâcheté, qu'on sent, qu'on n'ose avouer, et qu'on ne peut vaincre.

Si c'est là tout ce que la secte religieuse demande à ses adeptes, évidemment, elle en compte beaucoup.

Mais si elle fait grand fonds sur les adeptes de ce genre, elle se trompe ; car ceux-là sont aussi incapables de faire preuve réelle de religion que d'irreligion. — Ils obéissent inconsciemment aux vestiges ataviques de crainte du prêtre que leur ont légués des générations courbées sous sa domination.

Leur raison leur indique que cette crainte est absurde, mais quand cette raison est annihilée par la maladie, la douleur, la tristesse et les soucis, ou tout simplement dans les nombreux actes de l'existence qu'ils font sans réflexion, ils en reviennent automatiquement à l'ancienne servitude.

Il faut des siècles de raisonnement pour modifier le fonctionnement réflexe acquis par l'habitude.

Les religieux profitent de ces vestiges de religion qui ne subsistent plus que par la vitesse acquise, les uns pour se procurer tous les avantages personnels et immédiats imaginables : argent, honneurs, femmes, vie large et facile aux dépens des gens pauvres d'esprit et riches d'écus qu'ils séduisent et dominent avec une simplicité et une vulgarité de moyens réellement stupéfiante. Du temps de Molière, Tartuffe était d'un niveau plus élevé. Les gens d'un niveau intellectuel moyen sont à l'abri des entreprises de ces escrocs.

Les autres ont en vue, non plus leur intérêt personnel et matériel, mais l'intérêt de leur congrégation.

Ceux-là sont infiniment plus dangereux, parce qu'ils ont une vie privée inattaquable au point de vue de la morale et de la probité, et parce que, poursuivant un but moins immédiat, leur esprit est d'un ordre plus élevé.

Ce sont ceux-là qui accaparent de grosses fortunes soit en dons, soit en héritages et en frustrant des parents malheureux pour en faire profiter une congrégation déjà plus que millionnaire.

C'est par ceux-là que la plupart des établissements religieux possèdent à Paris et dans les plus beaux sites de sa banlieue les propriétés les mieux situées et les plus belles. Souvent ces legs ont été faits sous certaines réserves et conditions onéreuses ou gênantes pour la congrégation héritière. Au bout de quelques années, quand les héritiers naturels sont éteints, ou partis, ou définitivement convaincus de l'inutilité de toute intervention, les conditions imposées et acceptées cessent d'être remplies : un vieux serviteur qu'on devait conserver est chassé sous quelque prétexte, un médecin qu'on devait toujours appeler est changé pour un autre qu'on a mieux dans la main. Souvent le but dans lequel a été institué le legs est complètement changé. Telle propriété qui devait recueillir les enfants pauvres et sans famille de la commune ou du canton abrite au bout de quelques années des enfants venus d'on ne sait où, mais sur lesquels on a un pouvoir absolu. Tandis que, dans les enfants pauvres de la commune ou du canton on trie soigneusement ceux qui semblent dociles et susceptibles d'être de ceux sur lesquels on n'aura vraisemblablement aucune action et qu'on laisse dans leur misère.

Nous pourrions citer de multiples exemples montrant avec quelle insidieuse adresse les religieux et surtout les religieuses, non seulement obtiennent des dons qui viennent sans cesse grossir leur incommensurable fortune, mais encore parviennent, sans qu'on s'y oppose, à détourner ces dons du but dans lequel ils l'ont demandé et ils ont été faits, pour en arriver finalement à poursuivre leur constant travail, — la domination des esprits.

Quelles que soient la qualité de ces esprits, ou la qualité des gens ; quel que soit leur âge, leur sexe, leur nationalité, leur honnêteté, leur conduite, ils acceptent, ils recherchent même leur affiliation. S'ils ne peuvent obtenir de ces affiliés le renoncement à une existence manifestement scandaleuse, ils se contenteront que le scandale soit effacé, que les mêmes pratiques continuent mais dissimulées par des apparences convenables que les religieux contribueront eux-mêmes à procurer.

Ainsi peut-on très bien vivre avec une maîtresse dès le moment qu'elle prendra le titre de gouvernante et qu'elle ira à la messe ostensiblement.

Ainsi est-il loisible de garder de l'argent acquis malhonnêtement, si l'on en consacre une partie à une œuvre pieuse.

Ainsi une banque véreuse peut-elle continuer à exploiter ses trop naïfs clients si elle remet une partie des fonds qu'elle leur extorque à une congrégation religieuse.

En passant par les mains des successeurs des Saints, toute chose humaine est transfigurée. De même que le moine Gorenflot s'autorise à manger gras le vendredi en baptisant carpe son poulet, de même quand l'intérêt de l'Eglise est en jeu, le fripon est déclaré honnête homme, le menteur est affirmé véridique, le vol est reconnu non seulement utile, mais méritoire *(La fin justifie les moyens)*.

C'est ainsi que la religion abrite sous ses innombrables replis, non pas, comme elle a la prétention de le faire croire, uniquement l'élite de l'humanité, mais, bien au contraire, tous ceux qui, dans la société, ont une tare à faire disparaître, une tache à dissimuler, tous ceux dont les entreprises craignent la lumière du jour et dont la vie privée a besoin de ne pas être connue telle qu'elle est.

Pour tous ceux-là la religion est une protection et une sauvegarde.

Qui donc ira soupçonner de fabriquer de la fausse monnaie ce pauvre mendiant qui passe ses journées sous le porche d'une église. Qui donc croira à l'immoralité de ce saint homme qui fonde, à ses dépens, un orphelinat dont il appréciera comme il convient plus tard les plus jolies pensionnaires. Qui peut croire qu'un notaire membre du Conseil de fabrique de sa paroisse et de maintes œuvres charitables, profite de ce paravent pour spéculer sur les fonds qui lui sont confiés et voler ses clients.

Qui admettrait que dans les maisons de placement où on exige tant de garanties des gens qui viennent y chercher des domestiques, ces jeunes filles, qu'on croit venir en droite ligne de leur famille ou d'un orphelinat, sont d'habiles et rouées coquines qui, brûlées partout, recherchées par la police, ont déchiré la carte que la

Préfecture leur impose, se sont maquillées et sont venues se cacher, sous prétexte de repentir, dans une maison religieuse où elles se savent à l'abri de toute recherche et de tout soupçon. Introduites par ce moyen dans une maison sans défiance, elles la cambrioleront avec l'aide de l'ami qu'elles introduisent la nuit, avec ou sans meurtre des patrons qui sont allés au bureau de placement religieux pour avoir une « fille sûre » et par crainte des bureaux de placement publics où « l'on ne sait jamais qui l'on prend ».

Ces faits qui se renouvellent constamment prouvent la persistance de la domination cléricale chez ceux mêmes qui ne croient plus à la religion.

La foi a disparu, mais les Eglises demeurent. On ne croit plus aux Dieux ni à un seul, mais on craint et on vénère encore les représentants de la divinité sur la terre.

Peu de gens pratiquent les offices religieux, mais tous recourent aux bons offices des religieux dans maintes circonstances de l'existence. Très rares sont les gens qui songent à la vie future et croient à l'influence des prêtres pour gagner le Paradis. Très nombreux sont ceux qui connaissent la puissance de la caste cléricale dans les affaires de ce monde, recherchent son appui ou craignent son inimitié.

Telle est la transformation qui s'est opérée peu à peu dans l'esprit humain et d'où il résulte qu'étant disparue, la croyance à une divinité, puissance supérieure et extra-terrestre, les hommes qui puisaient dans cette croyance leur seule raison d'être et toute leur autorité ont cependant une action prépondérante sur le commun des mortels.

Ces hommes ont si habilement manœuvré qu'ils ont su adapter les doctrines religieuses et la façon de les enseigner, aux goûts successifs de l'humanité dans sa constante évolution.

Loin de se cantonner dans des cloîtres, où absorbés par les sentiments mystiques d'une piété fervente, ils eussent assisté, résignés, en priant Dieu, à son abandon par les humains — ils ont ouvert toutes grandes les portes de ces cloîtres qu'ils ont transformés, pour les mieux attirer, en salles de vente, en usines, en lieux de spectacles, et de réunions politiques ou sociales.

Ils en sont sortis eux-mêmes, se sont faits écrivains, journalistes, représentants de commerce, courtiers en vins, électeurs influents, voire même candidats aux conseils généraux et à la députation. — Aucune forme de l'activité humaine ne leur est restée indifférente ni étrangère — et partout ils ont réussi, soutenus par l'union de tous les membres de la caste qui ne s'est pas sensiblement démentie.

Le but a changé : au lieu d'assurer le bonheur des autres et d'eux-mêmes dans la vie future, ils s'occupent avant tout de faire les affaires de leurs affiliés et d'eux-mêmes en ce monde — mais ils emploient les mêmes moyens, la même organisation, les mêmes armes dont, depuis des siècles, ils ont expérimenté la valeur et appris le maniement.

De tous ces moyens, ils savent pertinemment que l'éducation des enfants est à la fois le plus sûr, le plus puissant, et le plus aisé.

Aussi luttent-ils si ardemment pour le conserver et crient-ils à la persécution, si l'on tente de le leur arracher.

Nous venons d'esquisser de quelle manière ils entendent et utilisent l'instruction secondaire, c'est-à-dire la préparation aux grandes écoles du Gouvernement, nous avons vu comment et par quels moyens divers ils parviennent chaque année à faire pénétrer dans l'armée, dans la marine, dans les mines, dans les ponts et chaussées et dans la plupart des grandes administrations des contingents nombreux de jeunes gens qui y remplissent les fonctions de chefs et qui constituent dans chacune un groupe compact, uni, s'aidant entre eux, aidés de leurs aînés, et servant d'appui aux plus jeunes.

Dans la magistrature, dans la médecine, dans la haute banque, chez les gens du monde, snobs, rentiers ou gentilhommes de campagne, ces mêmes groupements existent, se perpétuant et se fortifiant par des mariages, des rapports de politesse, des relations d'affaires, des protections acquises d'avance, à charge de revanche.

D'une utilité incontestable dans la vie courante, ces coteries déploient dans la vie politique toutes les ressources de leur multiple et secrète influence.

Ni les achats de voix à coups d'écus par un candidat millionnaire, ni les campagnes de presse, ni les services rendus, et les promesses reçues en échange, ni les attaches de la franc-maçonnerie, admirable confrérie de philosophes, de libre-penseurs et de rêveurs, trop spéculatifs, trop droits pour agir en-dessous comme les cléricaux, partant n'ayant point à beaucoup près leur influence, et qui cependant, seule, lui fait peur, ne peuvent lutter contre celle-ci.

C'est que toutes les associations civiles ne comprennent que des hommes tandis que l'organisation cléricale base sa principale influence sur les femmes et les enfants.

La plupart des hommes, alors même qu'ils emploient leurs efforts et consacrent leur temps à détruire en eux-mêmes et chez les autres l'empreinte qu'y a laissée l'influence cléricale, abandonnent pendant ce temps à cette même influence la première éducation de leurs jeunes enfants et toute celle de leur fille.

Qui donc, parmi les gens riches, oserait envoyer ses petits enfants à l'école primaire, à « la laïque » ? c'est bon pour les ouvriers, les employés, les petites gens — mais malgré qu'on soit pénétré, comme tout bon républicain, de doctrines égalitaires, humanitaires et sociales, on ne peut cependant pas, quand on se respecte, faire asseoir son fils sur un banc d'école côte à côte avec celui de sa concierge ou de sa fruitière.

Quelle humiliation de voir, à la distribution

des prix, celles-ci triompher des succès de leurs enfants, tandis que le fils du propriétaire reviendrait tout penaud avec une simple mention. On n'oserait plus passer devant la loge. Heureusement les écoles des sœurs sont là tout exprès pour éviter de si graves ennuis. Là se retrouvent entre eux, dans leur milieu, les enfants du même monde, des gens qui peuvent se voir. Qu'importe que ces gens appartiennent à des partis politiques opposés, à des religions différentes, à des nationalités étrangères, à des races diverses.

N'occupent-ils pas tous, par leur emploi ou leur argent, la même situation prépondérante ?

Ne sont-ils pas tous de la classe dirigeante ?

Ne mènent-ils pas la même existence, n'ont-ils pas les mêmes goûts, les mêmes besoins, les mêmes aspirations, les mêmes jouissances, ne jouissent-ils pas de la même éducation, de la même considération ?

N'ont-ils pas les mêmes manières, n'observent-ils pas les mêmes usages conventionnels qui leur permettent de se reconnaître en n'importe quel lieu du monde civilisé ?

Les discussions politiques, les attaques dans les journaux où l'on ne craint pas même de dévoiler certains coins malpropres de leur vie privée, tout cela est nécessaire pour plaire à la clientèle, pour satisfaire les électeurs. C'est de bonne guerre, comme le marchand qui débine la maison d'en face, l'avocat qui houspille la partie adverse, le député qui tombe un ministre pour prendre sa place.

Mais faut-il que parce que la lutte pour la vie oblige à se combattre ainsi devant le public comme le font nos athlètes pour la galerie, on reste ennemi, une fois la toile tombée et la journée de travail terminée? — La vie alors ne serait plus possible. N'est-il pas plus humain que, de même que ces athlètes se réunissent paisiblement après la représentation en une amicale manille chez le mastroquet du coin, nos dirigeants obligés, pour nous plaire, de se tomber devant nos yeux, se reçoivent entre eux, dans leurs maisons fermées à nos regards et oublient les disputes du forum en des conversations aimables où brille l'esprit aiguisé par la bonne chère et la présence de jolies femmes.

Quoi qu'on fasse et qu'il paraisse, dans notre société capitaliste, il ne peut y avoir que deux classes : celle des riches qui possèdent, par là même, une instruction supérieure, des manières plus policées, des goûts plus affinés, et le temps de jouir. Celle des pauvres qui, durant toute leur existence, ne peuvent, en dehors d'un travail abrutissant qui, seul, leur permet de vivre, que dormir ou oublier un instant leur misère dans de crapuleuses orgies.

Entre ces deux classes, aucun mélange, aucun contact n'est possible.

L'utopiste qui voudrait le tenter serait ridiculisé ou exploité par ceux mêmes qu'il essaierait de traiter en égaux.

Il y a un abîme entre les deux situations du prolétaire et du possédant, de l'exploité et de l'exploiteur, même quand celui-ci l'est malgré lui. Il n'y a qu'un moyen de combler cet abîme, c'est que, dès que la connaissance s'éveille au cerveau de l'enfant, il soit habitué à considérer tous les autres enfants comme des camarades sans faire d'autres différences entre eux que celles qui résultent du plus ou moins d'affinités ou de sympathie qu'il ressent pour certains d'entre eux. — Une instruction commune, donnée en commun, des jeux en communs sont les conditions indispensables de cette éducation.

La conscience de la supériorité intellectuelle d'un condisciple pauvre contrebalancerait avantageusement le sentiment de fausse supériorité que donnent à l'enfant riche la connaissance de la situation plus heureuse de ses parents, le bien-être dont il jouit, les égards qu'on lui témoigne.

Il apprendrait ainsi, tout jeune, ce qui lui apparaîtra forcément à un moment donné de l'existence, c'est qu'un sot riche n'est jamais qu'un sot — et que la valeur intellectuelle ne se négocie pas à la Bourse.

Poursuivi pendant toute la période de ses études et continué au régiment (si l'on parvient jamais à rendre le service militaire effectivement égal pour tous, ce qui nous paraît bien difficile à notre époque) ce sentiment qu'il n'y a d'inégalité entre les hommes que par leur valeur propre, serait de nature à modifier puissamment et heureusement l'ordre social et à l'asseoir sur des bases plus justes et plus profitables.

Mais à ce changement sont précisément opposés à la fois les parents qui ne voient que l'intérêt étroit, naturel et immédiat de leurs enfants sans s'élever à une conception plus haute et plus générale — et les prêtres dont l'organisation sociale actuelle facilite l'action. — Aux riches, en effet, ils vendent leur protection moyennant des rétributions importantes qui assurent la prospérité des congrégations. — Aux pauvres, ils abandonnent un peu de ces gains, juste assez pour les empêcher de se révolter, pas assez pour leur permettre de sortir de leur misérable condition, de manière à les maintenir toujours sous leur domination.

Leur intérêt évident étant de perpétuer ce jeu de bascule et cette double action, ils s'efforcent de bien marquer les différences qui n'existent que trop dans la société, de par sa constitution même et de les maintenir intactes.

La nécessité de la séparation des riches et des pauvres dès l'enfance ne leur a pas échappé.

Ils admettent dans leurs écoles enfantines à côté de la clientèle riche pour laquelle elles sont créées, quelques enfants pauvres ; c'est pour dissimuler leur but et leur tendance, c'est aussi pour mieux faire sentir aux enfants l'inégalité de leurs conditions.

Ces pauvres, en effet, sont soigneusement choisis. Ce sont des enfants dociles, dont les parents sont des affiliés sûrs. Moyennant les bienfaits qu'ils reçoivent d'une instruction réservée aux riches, ces petits pauvres doivent, en toutes circonstances, témoigner de toutes façons qu'ils en sentent tout le prix et qu'ils comprennent n'être admis là que par charité.

Ils doivent ne pas trouver injuste de ne pas être récompensés, même s'ils sont plus intelligents et plus travailleurs, que les écoliers d'une autre essence.

Ils doivent, dans leurs conversations, dans leurs jeux, manifester pour ceux-ci de la déférence, — ne pas rendre les taloches qu'ils en reçoivent, ne pas regimber contre les mauvais traitements qu'ils en subissent.

Si, au lieu d'externats, il s'agit de pensions, il y a plusieurs nourritures suivant les prix que peuvent payer les parents — et l'on voit se renouveler à chaque repas ce spectacle atroce d'enfants du même âge, de la même race, du même pays, de condisciples, ayant tous également faim et sujets tous à la même gourmandise, tendance si naturelle chez l'enfant — qui mangent côte à côte, les uns un plat de viande appétissant et substantiel, les autres une immonde lavasse faite avec les restes des premiers.

Qu'on dise si l'ont peut infliger a une créature humaine innocente de toute faute et encore inaccoutumée aux misères de l'existence, une plus grande souffrance, une pire blessure dans ses sentiments et jusque dans ses sensations !

Tout individu juste et pitoyable, donnant à manger aux bêtes, s'applique à ne pas donner à l'une plus qu'à l'autre, sachant qu'un inégal partage ferait souffrir celle qui en serait victime — et cette action basse, méchante, et lâche, des gens qui font profession de soulager les malheureux, de consoler ceux qui souffrent, et de s'apitoyer sur tous les affligés, la commettent journellement, régulièrement dans les établissements qu'ils ouvrent aux enfants pour leur inculquer les bons principes.

Ils font pis encore. En dehors des pauvres qui paient une moindre pension que les riches, ils prennent des petits misérables recommandés spécialement par le curé de leur village ou un protecteur influent. Ceux-là ne paient rien du tout, ils sont élevés par charité; seulement, ils servent de domestiques aux autres. Ils aident à laver la vaisselle, à mettre et enlever les couverts, à faire les lits et épargnent ainsi des domestiques. Ils sont traités en rapport avec leur situation. Au réfectoire, ils ont ce qui reste du plus mauvais; au dortoir, ils ont le lit dont personne ne veut, celui qui est en face la porte, exposé aux courants d'airs.

Pendant que les autres jouent, ils doivent travailler à quelque besogne de nettoyage.

En classe et partout ils doivent donner l'exemple du travail, de l'assiduité et ne pas paraître savoir mieux que les autres. S'ils sont susceptibles de culture intellectuelle, on les présente aux visiteurs comme un exemple des élèves que forme la maison.

S'ils ont des dispositions pour la musique ou le dessin, on les utilise dans la fanfare dont ne

manque jamais de se parer ce genre d'établissements, ou on leur fait confectionner ces travaux
de patience qui, encadrés dans le parloir,
excitent l'admiration et l'envie des parents des
élèves.

A la moindre tentative d'indépendance de
l'enfant pris par charité, pour la moindre pec-
cadille, on le punit sévèrement mais on se garde
bien de le renvoyer, s'il peut être utilisé de quelque façon. Dans le cas contraire, on s'en débar-
rasse rapidement.

Cependant le Père directeur ne manque pas,
dans les conversations avec les parents, de les
informer modestement, sans paraître y attacher
d'importance, que beaucoup de petits malheureux auxquels les parents ne pourraient donner
aucune instruction, reçoivent gratuitement la
même éducation que les enfants les mieux fortunés, quelle que soit la charge qui en résulte
pour la congrégation.

Les parents sont touchés d'un tel désintéressement, d'une si admirable bienfaisance, et n'osent
plus trouver trop élevés les nombreux suppléments qu'on leur fait payer à chaque visite, en
songeant qu'ils servent à payer les frais qu'occasionnent les enfants élevés pour rien.

C'est par ces moyens que les établissements
d'instruction primaire religieux arrivent à drai-
ner les enfants des familles de la classe moyenne :
petits commerçants, pour la plupart.

Les enfants élevés par charité, et les enfants
pauvres qui ne paient qu'une très modique pen-

sion font en réalité toutes les basses besognes qui nécessiteraient des domestiques payés.

En outre, dans la plupart de ces établissements, les enfants sont censés apprendre un métier. Les plus florissants étant à la campagne, c'est le métier de jardinier qu'on enseigne.

C'est un excellent prétexte pour employer des équipes d'enfants déjà grands, à cultiver les jardins de l'établissement, ce qui procure, sans débourser un centime, tous les légumes nécessaires à l'alimentation de tous les pensionnaires ; on complète cette instruction professionnelle en faisant soigner les cochons, les vaches, les poules, les lapins et les pigeons à certains groupes d'élèves. On loue des champs dans le voisinage pour initier les élèves à la grande culture, ce qui permet de récolter sans payer de main-d'œuvre, les graines nécessaires à l'alimentation de ces animaux.

Grâce à ces bons soins et aussi à d'heureuses influences, certains de ces animaux sont primés dans les concours — excellente réclame pour l'établissement.

Ils procurent d'ailleurs soit en les tuant, soit en les vendant, une bonne partie de la nourriture nécessaire à tout le personnel. Ainsi s'affirme et se vérifie ce principe, que nous avons déjà mis en lumière en traitant des orphelinats, à savoir : tirer un parti immédiat et lucratif des enfants qu'on élève — de telle sorte qu'ils fassent gagner à la congrégation ce qu'ils lui coûtent et au delà.

Seulement, dans les orphelinats, la majeure partie des enfants ne paient pas ou paient une pension infime.

Il est vrai qu'on leur fait rendre en travail tout ce qu'ils peuvent donner — sans en mourir, sur le moment.

Dans les établissements primaires religieux, les enfants paient tous pension. Sauf les rares exceptions que nous avons indiquées d'enfants reçus gratuitement et quelques cas où des enfants sont acceptés à moitié prix, la majorité des élèves paient une pension un peu moins élevée que dans la plupart des établissements laïques, ce qui assure le recrutement des élèves.

De telle sorte que les Bons Pères qui dirigent ces établissements réalisent ce coup de maître d'avoir la main-d'œuvre non pas payée, non pas gratuite, mais payante.

Les services sont organisés d'après les principes de l'économie la mieux entendue.

Un Père supérieur gouverne et dirige tout l'établissement. Sous ses ordres la besogne se divise entre un frère économe, un frère chargé de la porcherie, un frère jardinier en chef, un frère chargé de la grosse culture, un frère directeur des cuisines, un frère directeur de l'instruction. Chacun de ces chefs est secondé par autant de frères qu'il est nécessaire — sans compter les professeurs qui sont tous des frères (sauf les professeurs de gymnastique et de musique) il y a des sous-frères chargés de surveiller tous les détails de l'exploitation et d'y coopérer.

Les jeunes frères travaillent en effet avec les élèves (comme font les jeunes sœurs avec les ouvrières dans les orphelinats) de telle sorte que pour une telle population, il n'y a pas plus d'une douzaine d'employés civils rétribués.

Encore ces auxiliaires indispensables pour les ouvrages que les frères ne veulent pas et que les enfants ne peuvent pas faire, sont-ils pris dans les régions les plus pauvres du Luxembourg, de l'Allemagne catholique, ou de la Bretagne. Envoyés directement de leur pays par leur curé auquel on s'est adressé, sachant à peine parler le français, ignorant les prix usités aux environs de Paris, élevés dans la crainte du monde en général et de Paris en particulier, cloîtrés pour ainsi dire dans l'établissement, ces pauvres diables se contentent des salaires dérisoires d'au plus vingt francs par mois dans un pays où tout domestique de ferme gagne quarante-cinq francs.

Cela dure ainsi jusqu'à ce que, par les fournisseurs dont on ne peut totalement se passer, ou dans les rares sorties qu'ils peuvent faire, ces employés apprennent combien on les exploite et combien on abuse de leur ignorance.

Ils s'empressent de quitter l'établissement pour aller gagner aux environs immédiatement le double, tout en y ayant une existence plus agréable.

Les frères en sont quittes pour demander à un curé de leurs correspondants un autre ouvrier à exploiter pendant quelques années.

Un pensionnat ne peut se passer d'infirmerie. — Il y en a une en effet dans chacun des pensionnats religieux; seulement, dès qu'un enfant paraît dangereusement malade ou atteint d'une maladie contagieuse, au lieu de l'isoler dans une chambre spéciale de l'infirmerie et de l'entourer des soins nécessaires, on s'empresse de le renvoyer dans sa famille.

Dans une pension religieuse aux environs de Paris, une petite fille en état de mort imminente est mise par les sœurs un soir de mois de décembre dans un omnibus mal clos, mal suspendu, sans matelas, pour être transportée chez ses parents, à quinze kilomètres de distance. Quand elle arriva, elle était morte.

De jeunes garçons atteints d'érysipèle de la face sont envoyés chez eux, seuls, en chemin de fer, au risque d'avoir la grave complication qu'est la thrombose des sinus crâniens et au risque de contaminer un nombre illimité de personnes.

Mais le médecin, dira-t-on? comment le médecin de l'établissement tolère-t-il ces faits ?

Ces établissements ont en général pour médecin un homme complètement à leur dévotion.

Ils le recommandent à leurs affiliés, et nous savons ce que vaut une recommandation de leur part. — Il vaudrait mieux dire qu'ils l'imposent. — Le médecin des pères, des frères, ou des sœurs n'a pas à s'occuper d'augmenter sa clientèle : tout le clergé régulier, séculier et laïque de la région s'en charge pour lui et mieux que lui.

S'il commet une imprudence ou une négligence, ou a un des insuccès bruyants qui, fort injustement, causent fréquemment la ruine d'un praticien, les religieux et leurs acolytes sont là pour arranger les choses.

Le médecin a ainsi des soutiens inébranlables dans toutes les classes de la société et jusque dans l'entourage de ses malades.

De cette façon, ses prescriptions sont toujours suivies, ses avis ne sont jamais discutés. S'il déclare une opération urgente, on acquiesce de suite, ou s'il y a quelques hésitations, les bons religieux en ont vite raison.

Ils vont jusqu'à s'occuper de faire payer les clients récalcitrants.

Que si un confrère supputant que la clientèle est suffisante pour deux médecins, tente de s'établir dans le voisinage, immédiatement le ban et l'arrière ban clérical de la région est mis sur pied de guerre contre l'intrus.

Comme l'araignée trame sournoisement sa toile pour envelopper la mouche inconsciente du danger, la horde noire prépare des embûches où le malheureux praticien qui ne songe qu'à bien faire son métier, est sûr de se prendre ; on travestit ses paroles, on colporte des infamies sur sa vie privée, on insinue qu'il n'est pas reçu docteur, qu'il est sourd, qu'il a échoué plusieurs fois à tous ses examens.

S'il est poli avec le curé du pays et le supérieur des Frères, on dit qu'il en a peur, et on le traite en petit garçon ; s'il ne les salue pas, on dit qu'il est athée, juif ou franc-maçon et on avertit les fidèles que ceux qui seront soignés par lui, iront tout droit en enfer.

Dans le pays, il ne peut trouver de domestiques, les fournisseurs lui font tout payer plus cher et exigent le règlement comptant. On lui adresse tous les mauvais clients de la contrée, les ouvriers qui ne veulent pas travailler, les ivrognes, les indigents qu'on n'a pas jugés dignes d'être admis au bureau de bienfaisance.

Le mot d'ordre est d'aller le chercher la nuit, ou d'attendre qu'il rentre d'une pénible journée passée à courir la campagne pour l'obliger à repartir. Et s'il a l'audace, en échange, de présenter une note réduite au strict minimum, tout le pays s'insurge contre la cruauté de ce médecin qui prend le pain de la bouche aux miséreux.

Cette histoire n'est pas exagérée quelqu'étonnement que de tels faits puissent provoquer chez ceux qui ne croient plus ou font semblan de ne plus croire à l'influence cléricale.

La vérité est que dans presque toute la Bretagne, une bonne partie de la Normandie, de la Flandre, de la Savoie, de l'Auvergne, des pays de montagnes, et (chose plus surprenante), dans la banlieue parisienne, il est défendu à un médecin d'exercer s'il n'est *persona grata* à la gent cléricale.

Dans le reste de la France, il peut le faire, mais non sans lutte.

Dans les régions sus-indiquées, si le praticien

non clérical n'est pas doué d'une résistance à toute épreuve doublée d'une humeur parfaitement égale, et aidé de quelques rentes dont il puisse vivre pendant plusieurs années, il n'a qu'à plier bagage le plus vite possible et de fuir le guêpier où il s'est malencontreusement fourvoyé.

Alors le confrère clérical compte un triomphe de plus et peut continuer, avec l'aide constante des bons frères, sa tranquille existence.

En échange de tant de bienfaits, il n'oserait leur demander la rénumération des soins qu'il donne aux élèves et au personnel de l'établissement. — De cela il n'est point question. — Il est vrai que sa table est abondamment approvisionnée de lait, beurre, fromage, fruits, légumes, œufs, poules, et en général de tout ce que produit l'établissement. C'est en quelque sorte un paiement en nature. — Mais les parents des élèves ne sont pas quittes à si bon compte. Chaque visite du médecin pour laquelle celui-ci ne touche rien leur est comptée et c'est autant de gagné pour les bons frères.

Pour les médicaments, le jeu est le même — au lieu de faire remplir les ordonnances, comme ils le devraient de par la loi et tous les règlements, chez un pharmacien établi, les frères s'approvisionnent en gros de substances médicamenteuses qu'ils paient au prix de drogueries. — Un employé ou un frère ayant quelques notions pratiques de pharmacie, fabrique dans l'établissement potions, pilules et cachets qui sont comptés aux parents un prix raisonnable.

C'est ainsi qu'à chaque visite les parents sont poliment priés de passer à l'économat où on leur présente de la plus gracieuse façon un petit compte additionnel qui, tant en verres cassés au réfectoire qu'en fournitures d'école, instruments de musique, galons, jouets, réparations d'effets, visites de médecin et médicaments, se monte toujours à une quinzaine de francs par mois, sur lesquels, tout est profit pour l'établissement. Il n'y a pas de petits bénéfices.

Mais comment ces parents pourraient-ils se plaindre ?

A chaque visite ils assistent à des fêtes, à des représentations où tantôt leur enfant joue un rôle dans une pièce, tantôt fait sa partie dans un concert, tantôt défile sous leurs yeux clairon à la bouche, les galons de sergent-major sur les manches, ou pour le moins le fusil sur l'épaule et la baïonnette au côté.

Les enfants ont d'ailleurs belle mine. Les récréations au grand air, dans de vastes cours ensoleillées, les promenades dans les bois environnants, les jeux bruyants et violents, le travail des champs compensent heureusement la nourriture réduite au juste nécessaire avec une sévère parcimonie.

Les parents, gens pour la plupart peu instruits, ne sont pas à même de s'enquérir des études de leurs enfants.

Ne leur suffit-il pas qu'on les leur rende,

pourvus de leur certificat d'études primaires —
et les frères y parviénnent pour la très grande
majorité grâce à un système calqué, sur une
moindre échelle, sur celui que suivent les pères
qui préparent aux concours.

D'instruction véritable, il ne peut en être
question.

Dans les écoles enfantines, au bout d'un an
passé sous la direction des sœurs, un enfant ne
sait ni écrire lisiblement, ni lire couramment —
mais il sait par cœur toutes ses prières et débite
sans hésitation un petit compliment appris pour
la visite de l'évêque ou du maire bien pensant.

Dans les écoles primaires, les enfants n'apprennent de l'histoire que les règnes des rois et
surtout les guerres et les hauts faits des grands
capitaines.

Les tendances sont moins royalistes qu'im-
périalistes ou plus exactement patriotico-mili-
taires.

On excite leur enthousiasme pour le sabre, et
il est bien vrai de dire que la robe de tout frère
ignorantin cache la mentalité d'un brigadier de
gendarmerie, intime alliance du sabre et du gou-
pillon.

De même que l'histoire comprend pour eux
des dates et des faits (surtout des hauts faits) la
géographie se borne à des chiffres et à des noms;
la littérature à des morceaux choisis (et souvent
maquillés) des quelques auteurs choisis par eux,
et à des appréciations à apprendre par cœur, —
la grammaire à des règles qu'on récite comme

au régiment la théorie, les sciences à des formules et à des exercices qu'on fait répéter jusqu'à ce que l'élève les accomplisse aussi aisément qu'un acrobate avale un sabre.

Ainsi prépare-t-on les enfants à l'épreuve, qui motive seule ce fastidieux entraînement, et après laquelle il leur restera seulement dans la mémoire des bribes de phrases que chaque année emportera comme le vent des lambeaux d'étoffe qui ne tiennent que par des fils.

Du moins, à défaut d'une bonne culture intellectuelle, les enfants acquièrent-ils, dans ces établissements religieux un développement normal de leur conscience, et y sont-ils heureux?

Quand on interroge d'anciens élèves des frères, à ce dernier point de vue, ils se remémorent avec plaisir les longues excursions dans les bois où on leur laissait toute liberté de se disperser, de courir, de former des groupes à leur convenance et d'organiser toute sorte de jeux.

Les promenades militaires, avec clairons, tambours, musique en tête à travers les villages où les populations se pressaient pétrifiées d'admiration par la belle tenue et l'allure martiale de ces bambins, ont laissé dans leur imagination un souvenir ineffaçable. Les fêtes aussi, où sur l'estrade, l'acteur déguisé en jeune première a recueilli tant d'applaudissements ont chatouillé agréablement leur amour-propre.

Mais en revanche, ils gardent une haine invétérée envers plusieurs frères dont la méchanceté sournoise et brutale les a poursuivis durant toutes leurs études.

Comme au régiment les sous-officiers (avec lesquels ils ont tant de traits communs) ces frères prennent certains enfants comme points de mire de leurs stupides et blessantes moqueries, comme émonctoire de leurs appétits grossiers péniblement contenus.

Les sentiments qu'ils inspirent à leurs élèves sont tels que quelques-uns des plus hardis parmi ceux-ci, imaginent pour s'en venger des tours que ne désavoueraient pas les Apaches : dans une allée où tel frère universellement honni a l'habitude de se promener seul, le soir, on dissimule habituellement un trou profond, sous des branches et des feuillages, et on se cache pour avoir le plaisir de l'y voir tomber ; mais malheur à ceux qui sont pris.

Cela est d'autant plus facile aux frères que la délation est soigneusement encouragée par eux et que, parmi les enfants, un bon nombre gagne les faveurs des maîtres en espionnant et dénonçant leurs camarades.

Etre bien vus, mériter les attentions et les bonnes grâces des frères, tel est le but proposé aux enfants.

Ils s'y plient aisément, par le besoin d'affection qui est si naturel à l'enfant et aussi par leur amour-propre qui est flatté quand l'un se sent préféré aux autres.

Cette éducation entraîne forcément la dissimulation des fautes qui pourraient diminuer l'estime que les maîtres leur témoignent; elle entraîne aussi le mensonge, mais d'après l'opinion qu'en ont ses supérieurs, elle le conduit à simuler des sentiments qu'il n'éprouve pas et développe au plus haut degré ces deux vices de la servilité : l'hypocrisie et la fausse humilité.

Somme toute, la discipline morale que reçoivent les enfants dans les institutions religieuses se rapproche beaucoup de celle que produit à un moindre degré la vie de caserne et à un plus haut degré le métier de domestique ou la réclusion dans une prison.

En pénétrant dans un de ces établissements religieux, le visiteur est surpris et frappé des regards sournois, des attitudes craintives qu'ont les enfants devant les maîtres ; mais si la surveillance de ceux-ci cesse un instant, il se produit brusquement une explosion de mots et de gestes orduriers, comme si l'enfant avait besoin de se soulager de la contrainte imposée et de manifester la colère qu'elle leur inspire.

Ce même spectacle n'est-il pas celui qu'offrent l'office quand les maîtres sont absents, le préau d'une prison quand le garde-chiourme a le dos tourné, la chambrée dès que le sous-officier chargé de l'appel du soir a tourné les talons.

Ce rapprochement n'est pas forcé, la preuve en est que c'est parmi les enfants élevés dans cette discipline cléricale que se recrutent en plus forte proportion les gens de maison, les militaires professionnels, et aussi la population de nos prisons. Combien de fois dans les antécédents d'un maître escroc ou d'un grand criminel, n'a-t-on pas retrouvé son passage dans une école religieuse où il jouissait de la faveur des frères, puis un grade au régiment où il était très bien noté.

D'où grande perplexité dans l'esprit des gens bien pensants qui ne trouvent d'autre explication que l'entraînement ou les mauvais exemples qui ont perverti un garçon naturellement bon mais faible de caractère.

L'explication ne tient pas devant les faits qui montrent que loin d'être entraîné, le plus souvent le prétendu bon sujet a entraîné les autres ou a agi seul sans complices et sans aides.

N'est-il pas plus logique, de voir que l'enfant perd, par l'éducation cléricale, la notion précise du juste et de l'injuste, de ce qu'il doit et de ce qu'il ne doit pas faire, qu'il n'est maintenu dans une ligne impeccable de conduite que par l'autorité de ses maîtres à l'école, de ses chefs au régiment qu'ensuite, quand il est délivré de cette tutelle, il éprouve comme un besoin impérieux de faire tout ce qu'on lui a défendu, de donner libre cours à tous ses instincts bestiaux réprimés mais non disparus.

Un tel être est éminemment dangereux pour la société, mais il est injuste de la part de celle-ci de le punir avec la plus rigoureuse sévérité.

Les médecins légistes déclarent en général avec raison que sa responsabilité n'est pas entière.

Il serait plus raisonnable de dire qu'il est la première victime d'une éducation vicieuse, que celle-ci a faussé, dès son enfance, les sentiments justes innés en l'homme pour leur substituer des règles conventionnelles, qu'après lui avoir imposé une discipline sévère non librement consentie, on l'a lâché dans la vie libre, avec la seule crainte du gendarme comme continuateur du prêtre et de l'adjudant, et comme seule limite à ses appétits déchaînés.

Tel est, trop souvent, le résultat de l'éducation religieuse pour les garçons.

Ce résultat est-il meilleur pour les filles ?

Cela serait bien à désirer, car, si à côté des écoles de frères, existent maintenant en France à peu près dans chaque village, une école laïque très fréquentée par les garçons, si l'Université instruit la grande majorité des jeunes gens, en revanche les sœurs détiennent encore le plus grand nombre d'élèves, parmi les petites et les jeunes filles.

Cela fait encore partie de ces opinions d'autant plus ancrées dans les esprits qu'elles sont irraisonnées, que les sœurs sont de meilleures éducatrices que les institutrices laïques.

Dévouement, douceur, patience, dédain des plaisirs de ce monde, désintéressement, moralité, telles sont de l'avis du public qui ne croit pas à la religion, les vertus que seules possèdent les religieuses.

Si parfois les enfants reviennent avec les doigts meurtris de coups de règle, les oreilles saignantes d'avoir été trop violemment tirées, avec des paroles mielleuses et leurs voix douces les sœurs ont vite consolé les fillettes et apaisé les parents.

Si le prix peu élevé de la pension est plus que doublé par les innombrables suppléments quêtés par les sœurs à toute occasion, cela est oublié, on ne se rappelle que le prix marqué.

Nous n'avons pas besoin de nous étendre longuement sur l'instruction et l'éducation données dans les écoles et pensions de sœurs.

Tout ce que nous avons dit à l'égard des frères est appliqué, suivant la même méthode, dans le même esprit, avec les seules différences qu'y introduisent la nature propre de la femme et sa destination dans le monde, suivant l'idéal clérical.

Le but de l'éducation religieuse des filles est de faire des femmes soumises à leurs maîtresses, à leurs parents, à leurs maris, à leurs confesseurs — n'ayant et ne manifestant par elles-mêmes aucune opinion personnelle, mais sachant obtenir ce qu'elles désirent par des voies détournées de câlineries, de simulacres d'affection ou au contraire de froideur et de réserve calculées.

De telles femmes n'ont pas besoin d'une solide instruction. Elle s'opposerait au contraire au manque de personnalité qu'elles doivent avoir.

Aussi se borne-t-on à leur donner une écriture élégante, l'habitude d'appliquer les règles de la grammaire, la connaissance des quatre règles du calcul, et la possession impeccable des préfectures et sous-préfectures avec la liste chronologique des rois de France.

Voilà, avec quelques mots de botanique et la position des principales constellations, tout le bagage scientifique d'une jeune fille accomplie.

Mais il est important qu'elle sache plaire et faire figure dans le monde.

Aussi lui apprend-on à dessiner et à peindre des fleurs, des papillons et même à celles qui ont de rares dispositions, ces paysages de conventions où, au bord d'un lac vert, sous un ciel bleu, un délicieux château gris rose, entouré d'arbres se mire dans les eaux comme dans un miroir.

Le piano et le chant sont des compléments indispensables à une éducation qui permettra de dire, à un prétendant, que la jeune fille qu'on lui propose est douée de toutes les grâces de l'esprit et possède tous les talents d'agrément.

Comme il faut qu'elle unisse l'utile à l'agréable, on la prépare aux soins de tenir un ménage, en lui faisant confectionner une fois ou deux par mois un entremets immangeable, et en lui apprenant à faire de la broderie et de la dentelle.

Avant tout, on veille à ce qu'elle possède de bonnes manières, qu'elle sache comment on salue, comment on rend des visites, comment on reçoit.

Il existe une façon de parler sans regarder,

de voir sans lever les yeux, d'écouter sans paraître entendre qui dénonce de suite à l'observateur exercé l'éducation des sœurs.

L'opposition absolue à la connaissance des phénomènes naturels, et au développement normal de l'esprit et de la conscience, telle est la base de cette éducation.

C'est dans l'éducation physique que ces principes sont le plus strictement appliqués.

Aucune liberté de courir de toutes ses forces, de crier à tue-tête, de sauter, de rire haut, de jouer à des jeux violents — ce sont là des manières garçonnières très mal notées.

Il faut se promener gentiment avec ses compagnes, ou sauter à la corde, ou courir sans trop lever les jambes, et en ne perdant jamais de vue le sentiment de la bonne tenue.

Comme exercice physique, un professeur commande de loin, sous la surveillance des sœurs, quelques mouvements d'assouplissement qu'il est de bon ton d'accomplir nonchalamment et d'un air ennuyé.

Les promenades sont limitées aux environs immédiats de la pension, rares, et se font sans bruit et en ordre.

Dans ces pensions, ou bout d'un an ou deux, la plupart des filles sont anémiées, mal développées, dyspeptiques, un bon nombre deviennent tuberculeuses, un plus grand nombre ont le système nerveux détraqué.

Toutes manquent de vigueur musculaire et de vitalité.

Il en est qui, à la sortie de pension, placées dans de bonnes conditions, se développent tout d'un coup et en un an d'une fillette malingre, deviennent une belle et robuste jeune fille — mais pour la plupart, sous un aspect de santé, il persiste une débilité, une atonie musculaire qui se fera sentir dans maintes circonstances de la vie et particulièrement dans les épreuves de la maternité.

Quelques chiffres montrent l'étendue du pouvoir qu'exerce officiellement l'Eglise sur l'éducation des enfants.

Les écoles publiques non laïcisées comptent : 354,900 élèves. Les écoles privées congréganistes : 1,245,500 pour l'enseignement primaire. Soit un total de 1,600,500 enfants de 6 à 13 ans, c'est-à-dire au moment où ils subissent le plus aisément et le plus profondément l'empreinte de l'éducation.

Mais si on ajoute que 200,000 garçons et filles reçoivent un enseignement secondaire nettement clérical, on arrive au total de un million huit cent mille enfants remis par leurs parents entre les mains des gens d'Eglise pour en user au mieux de leurs intérêts.

Si nous songeons aux Français qui n'habitent pas la France, aux régions que nous avons la prétention de civiliser et que nous enveloppons dans notre drapeau, ainsi qu'aux peuples étrangers chez lesquels nous avons le désir de faire pénétrer avec notre langue, l'influence de notre esprit ; nous voyons que cette grande œuvre est confiée tout entière uniquement à des prêtres.

Pour donner aux étrangers un aperçu de l'état d'avancement de nos idées, des progrès de notre civilisation, de conception du bonheur, — on choisit parmi tous les Français, les seuls hommes qui vivent en dehors de la loi commune, qui suivent aveuglément une doctrine datant de vingt siècles, et qui s'opposent de toutes leurs forces coalisées aux progrès accomplis ou en voie de s'accomplir.

Ces gens qui constituent en France une minorité, ardemment combattue par tous les esprits ouverts et indépendants, par tous les hommes qui vivent avec leur époque, représentent seuls la France pour ceux qui ne la connaissent pas.

A défaut de l'esprit français qui leur est absolument étranger, — à eux délégués de Rome, — propagent-ils au moins la langue française?

Nous pouvons répondre hardiment non — et le prouver.

Il nous suffit de citer les passages que Clémenceau a eu l'ingéniosité de puiser dans des rapports officiels à l'époque où l'expédition de Chine mettait l'œuvre de nos bons missionnaires — en lumière — peut-être plus qu'ils ne l'auraient désiré.

Les missionnaires auraient pu rendre de grands services à la France en enseignant le français aux naturels des pays dans lesquels ils se sont établis. Ils ne l'ont pas fait, nos officiers n'ont même pas pu les employer comme interprètes.

Voici ce que le 26 janvier 1858 l'amiral Rigault de Genouilly, commandant de l'expédition de Cochinchine, écrivait à ce propos au ministre de la marine après avoir constaté le manque absolu d'interprètes en Chine :

« Combien de difficultés aplanies si on pouvait s'entendre ! Les autorités anglaises sont toutes secondées par des fonctionnaires parlant la langue du pays, et ce fait seul leur donne sur nous un énorme avantage. »

Et cependant, observe Georges Perrin, il y a deux cents ans que les missionnaires français ont pénétré en Chine !

Mais les missionnaires français, quand ils ont appris la langue du pays, savez-vous quelle langue ils enseignent aux naturels qui veulent bien en apprendre une ? Ils leur enseignent le latin.

Et il raconte qu'en 1866, une ambassade ayant été envoyée au roi de Siam par Napoléon III, nos officiers ne purent converser avec le roi en français. Quelques-uns lui parlèrent en Anglais, et le roi, pour bien montrer qu'il savait une autre langue que l'Anglais, envoya à nos officiers avant leur départ sa carte avec cette suscription : *Primus rex siamae sum*, et il avait traduit pour les officiers qui n'auraient pas su le latin : Li premier roy de Siam. Le royaume de Siam, comme la Chine, est un pays où les missionnaires sont établis depuis plusieurs siècles.

Au Tonkin, il y a quelques années, M. l'aspirant Hautefeuille, qui faisait partie de l'expédition de Francis Garnier, écrivait à son chef qu'il était entré en rapport avec un missionnaire annamite catholique, et il ajoutait :

Je me faisais comprendre du Père Six en latin, car je n'avais pas perdu tout à fait ce qu'on m'avait appris au collège Sainte-Barbe.

C'est en effet le latin seul que l'on enseigne au séminaire de Paula-Pinang, où sont élevés les catéchumènes pour tout l'Extrême-Orient.

Et ce n'est pas seulement dans l'Extrême-Orient que les choses se passent ainsi. Dans toutes nos colonies les missionnaires se montrent peu disposés à enseigner le français.

En Nouvelle-Calédonie, par exemple, M. le commandant Rivière, chargé de la direction du corps expéditionnaire, lors de la dernière insurrection, fait l'observation suivante :

Ce qui est fort étrange, c'est que les missionnaires n'enseignent que peu ou pas le français aux Canaques.

Ainsi les missionnaires français — qu'il est d'usage de qualifier « de pionniers de la civilisation » de propagateurs « de la langue et de l'influence françaises» — civilisent à rebours en maltraitant les populations dans lesquelles ils s'infiltrent, en abrutissant les enfants, en arrêtant dans ces pays les progrès d'une civilisation souvent bien supérieure à la leur, en suscitant des révoltes et des guerres qui coûtent la vie à nombre de bons Français et à un plus grand nombre d'étrangers assurément plus intéressants que ces prêtres cosmopolites — sans compter les incommensurables dépenses qu'ils occasionnent.

Car non seulement nous sommes obligés de réparer, avec les ressources de notre budget, tous les maux qu'ils engendrent — mais encore, nous devons les salarier pour qu'ils continuent cette œuvre malsaine et déplorable.

Bien plus, nous bâtissons pour eux des églises, des couvents, des écoles, des hôpitaux, des palais épiscopaux.

Nous leur procurons ainsi tous les moyens d'engager le nom de la France dans des entreprises que tous les bons Français réprouvent.

Ce n'est pas seulement contre la France qu'ils agissent, mais contre leur propre doctrine, contre leur seule raison d'être.

N'oublions point que chez nous en France, les prêtres prêchent en breton en Bretagne et que dans leurs écoles ils enseignent comme langue nationale le celtique aux Bretons, qui ne sont pas que je sache des étrangers, mais bien de bons et loyaux français.

L'Eglise nous enseigne le respect de la famille, la fidélité dans la foi de nos pères, la conservation des traditions.

Que fait-elle à l'étranger? Elle attire les enfants par des cadeaux, des séductions de toutes sortes, les achète quand elle ne peut les obtenir autrement, et les retient souvent de force, pour leur enseigner que la foi de leurs pères est absurde et mauvaise, qu'ils doivent abandonner leur famille et l'oublier pour ne plus s'attacher qu'aux parents spirituels qui leur sont tombés du ciel, que tout ce qu'ils ont appris jusque-là est erreur et mensonge, que tout ce qu'on respecte dans leur pays est méprisable.

Il est vrai qu'en même temps et souvent dans la même contrée, d'autres prêtres appartenant à d'autres religions emploient les mêmes moyens pour démontrer aux mêmes personnes que leurs concurrents sont des suppôts de Satan, que leur doctrine est infâme et les prétendues vérités qu'ils enseignent autant d'impostures.

Que peut faire un enfant, ou un homme au cerveau peu cultivé en présence de ces affirmations opposées?

Il va au plus offrant. Il cède à l'appât d'un beau vêtement, d'une vie oisive, d'une protection assurée même contre les lois de son pays.

Ainsi voit-on de ces sauvages, plus ingénieux que les missionnaires civilisés, qui se convertissent alternativement chaque année à chaque religion, pour bénéficier chaque fois de la prime offerte.

Comme ce qui tente le plus l'homme inculte est l'alcool, c'est en alcool que consiste le plus souvent la prime au converti.

Un admirable dessin de Willette représente un missionnaire anglican tenant d'une main une bible et de l'autre une bouteille de wiskey.

Mais pour être tout à fait juste, elle devrait avoir, comme réplique, la figure d'un missionnaire catholique, en même posture, car pareille est leur œuvre, identiques sont leurs procédés.

On n'ose généralement pas les publier — par crainte de froisser moins les sentiments religieux que patriotiques — tant les missionnaires ont su inspirer cette croyance qu'ils étaient les représentants de la France.

Mais dans les conversations, les Français ayant vécu à l'étranger et surtout dans nos colonies, se laissent aller à conter comment ils étaient sûrs de trouver à s'approvisionner de vins, eaux-de-vie et liqueurs chez les bons missionnaires qui, pour ne pas tenir ouvertement commerce, n'en retiraient pas moins de cette vente un large bénéfice.

Ce n'est pas seulement l'alcool qu'ils procurent aux gens désireux de goûter quelques joies en ce monde, leur commerce comprend tous les genres de plaisir que l'homme désire et pour lesquels il paie bien. C'est une heureuse manière de comprendre la civilisation et de faire de bonnes affaires.

CHAPITRE IX

L'ÉDUCATION ACTUELLE DES ENFANTS DANS LES DIVERS ÉTATS CIVILISÉS

Sommaire :

Une étude rapide de cette éducation montre comment
elle s'adapte aux divers besoins de chaque peuple.
— Elle montre aussi qu'elle produit des résultats
d'autant meilleurs qu'elle est plus libérée de traditions sans utilité présente, de religion à laquelle
on ne croit plus, d'autoritarisme et de discipline. —
C'est ainsi que nous voyons un peuple (les États-
Unis d'Amérique) qui cependant n'est formé que
d'éléments non sélectionnés et plutôt inférieurs, pris
dans plusieurs nations européennes, occuper une
situation privilégiée dans le monde et se préparer
par l'éducation de ses enfants à un brillant avenir,
tandis que les vieilles races latines, ayant derrière
elles, un passé de plusieurs siècles de civilisation,
laissent leurs enfants croupir dans l'ignorance et le
respect irraisonné de croyances superstitieuses.

La manière dont sont élevés les enfants dans
les États-Unis d'Amérique nous offre le plus
frappant exemple de l'adaptation de l'éducation
aux besoins d'un peuple.

Comme ce peuple est aussi peu soucieux que
possible d'agir suivant des principes théoriques
ou suivant une tradition, l'éducation de ses en-

fants n'est pas basée sur un plan tracé d'avance et se prend fort peu dans les livres, mais presque entièrement suivant le désir de chacun et l'utilité ou le plaisir qu'il croit en retirer. On connaît l'histoire qui nous paraît une légende et qui est cependant exacte, du petit cireur de chaussures lisant ses classiques entre deux clients. Le cas du jeune ouvrier qui consacre ses gains à accroître son instruction et parvient ainsi de l'état de manœuvre à celui d'ingénieur est aussi fréquent là-bas qu'il est exceptionnel dans notre vieille Europe.

Comme les pères de famille n'ont pas la même conception que dans l'ancien monde de leur rôle vis-à-vis de leurs enfants et de l'avenir de ceux-ci, ils ne songent pas plus à leur tracer une voie qu'à user d'autorité, ni même de conseils pour les y diriger et les y maintenir.

Tout au contraire, ils ressentent et manifestent vis-à-vis de l'enfant, même le plus jeune, le respect de la personnalité qui domine les rapports mutuels des citoyens de la libre Amérique.

L'enfant fait ce qu'il veut, — tout jeune s'il commet des imprudences, il en subit les inconvénients, quelque graves qu'il soit — si plus tard, il s'oriente mal, il apprend à ses dépens à réparer la faute commise. Les inconvénients de ce système sautent aux yeux de nos parents habitués à veiller avec inquiétude sur la santé, la bonne tenue et la situation future de leurs rejetons. Les avantages leur paraîtront moins évidents. Ils ne sont cependant pas négligeables.

A l'âge où l'on ose à peine laisser aller seul
un de nos écoliers de chez lui au lycée, aux
Etats-Unis, un enfant, garçon ou fille, va fréquemment, seul, accomplir un voyage de plusieurs jours en chemin de fer, voire même traverse l'Océan pour se rendre en Europe et en revenir. Dans toutes les circonstances où nos petits
Européens indécis se réfèrent à leurs parents,
à leurs maîtres ou aux leçons qu'ils en ont reçues, le jeune Yankee agit suivant son propre
jugement, appuyé uniquement sur sa propre
expérience. Tandis que le premier s'efforce de
retenir des préceptes et de se couvrir de l'autorité de quelqu'un, le second regarde autour de
lui, observe, compare, conclut et fait ce qu'il
croit juste, cela fût-il en opposition avec l'habitude courante.

C'est ce qui explique qu'un Européen et surtout un Français est aussi embarrassé pour se
tirer d'affaire en arrivant aux Etats-Unis, qu'un
Yankee se trouve gêné dans ses habitudes de
faire ce que bon lui semble en pénétrant dans
notre société étroitement disciplinée.

Au sortir du lycée à dix-huit ans, nos jeunes
bacheliers représentent de vivantes encyclopé-
dies ou plus exactement d'assez complètes tables
des matières. Si beaucoup de sujets ne leur sont
que très imparfaitement connus, en revanche
presqu'aucun nom ne manque d'éveiller un souvenir dans leur esprit. Au demeurant, ils sont
tout à fait incapables de gagner seulement leur
nourriture d'un jour. — Fort heureusement les

ressources familiales qui les ont menés à ce point, continuent de leur fournir les moyens d'ajouter à cette première couche de vernis aussi mince qu'elle est étendue, une seconde couche plus limitée, mais un peu plus résistante sous forme d'une instruction spéciale. Après quoi, le sujet est pourvu d'un titre qui lui donne le droit d'exercer un métier... et la possibilité de l'apprendre.

Le jeune yankee commence dès qu'il peut raisonner l'occupation qui sera celle de toute son existence et qui consiste à faire des affaires. Le mot comporte en lui-même sa définition pour tout cerveau anglo-saxon. Pour des Français il faut l'expliquer, et nous croyons le faire comprendre en disant que c'est : profiter de toute occcasion qui se présente (ou au besoin la faire naître) de gagner de l'argent, sans violer les lois qui règlent les rapports des citoyens entre eux et qui sont basées sur un sentiment de justice ressenti par tous, ce qui correspond à ce que nous comprenons par honnêteté.

Donc, dans les limites permises, s'enrichir aux dépens de son prochain, tel est l'aspect unique sous lequel se présente l'existence à toute imagination d'enfants américains.

Nous entendons les expressions de mépris dont nos distingués éducateurs couvrent un programme aussi bassement utilitaire, et comme ils en profitent pour exalter le noble but de notre éducation classique développant chez nos enfants le sens du beau et le goût des recherches purement spéculatives. Oui, certes ! cela est très pur, très grand, très admirable de s'isoler des contingences extérieures en la sérénité d'une constante méditation. C'est véritablement la plus parfaite discipline que l'homme puisse s'imposer que celle de cultiver uniquement sa raison, et le plus beau titre qu'un humain puisse ambitionner est certes celui de philosophe.

Mais tout philosophe nous accordera bien qu'il faut à sa noble méditation un certain substratum matériel ; qu'on raisonne mal, le ventre vide et les pieds froids, avec un vêtement troué et sans chapeau sur la tête.

Dans son admirable tableau, Rembrandt nous représente, à côté du philosophe accoudé devant un livre et perdu dans ses réflexions, la ménagère veillant à l'entretien du foyer.

Si nous comprenons que, dans notre vieux monde ceux qui sont pourvus de tout le nécessaire, aient l'ambition de faire de leurs fils des philosophes — souffrons que ceux d'entre nous qui sont allés dans le nouveau monde chercher, sur un sol hier encore vierge, un moyen de ne pas mourir de faim, s'occupent encore avant tout de leur bien-être matériel.

Au surplus notre but n'est pas de discuter ici s'ils ont tort ou raison d'envisager de telle façon le problème de l'existence — nous voulons seulement exposer leur conception et comment ils la réalisent dans l'éducation de leurs enfants.

Force nous est de reconnaître que si peu de nos jeunes Français parviennent à mériter le titre de philosophes ; la plupart des jeunes yankees sont aptes à subvenir à leur propre existence et à augmenter chaque jour les gains de l'homme sur la nature.

Malgré le dédain (fait en grande partie d'ignorance) qu'affectent nos bourgeois affinés d'Europe pour les marchands de cochons de Chicago, les cow-boys du Texas, et les prospecteurs de la Californie ou de l'Alaska, ils sont cependant obligés d'avouer que cette foule de miséreux qui n'avaient pu se faire une place sortable dans nos vieilles sociétés ont acquis définitivement à la civilisation une région plus grande que l'Europe entière, y ont transporté nos lois, nos mœurs, nos coutumes en les adaptant seulement à des conditions nouvelles, qui en ont montré les défauts, et que de leur effort vaillant est sortie une nation qui non seulement se suffit largement à elle-même, mais dont l'influence prépondérante sur toute l'Amérique rayonne par delà les océans sur l'Asie orientale et sur l'ancien monde dont elle est issue. Ces hommes qui ne trouvaient pas en Europe à tirer parti de leur activité, ont réussi en Amérique à élever des usines auxquelles nous achetons beaucoup de nos outils, à perfectionner nos procédés de culture au point de déverser chez nous le surplus de leur production, à arracher de la terre la plus grande partie de la houille nécessaire à l'industrie du monde entier et presque tout l'or indispensable à nos transactions.

Il fallait pour faire de tels hommes que les

enfants fussent habitués tout jeunes à se conduire seuls, à lutter contre les éléments, à développer leurs qualités d'initiative, de décision
et de sang-froid. Il fallait qu'à un corps résistant, vigoureux et souple, ils joignent un esprit
droit, prompt à l'action et incapable de longues
défaillances. Tout cela, ils l'ont compris et ils
l'ont réalisé. Telle est en effet l'éducation des
enfants aux Etats-Unis.

Dans une société ainsi organisée, le rôle de la
femme ne peut être celui qu'elle a chez nous,
où, objet d'amour ou de plaisir, elle ne peut chercher qu'à séduire l'homme.

Là-bas, dans la lutte incessante que livre
l'homme durant toute sa vie, la femme doit
être et est en effet une aide ou, si on le préfère,
une associée. Aussi les filles sont-elles élevées
avec les garçons et comme eux. Mélangés dans
leur première enfance, dans leurs jeux, à l'école,
comme ils le seront plus tard dans la vie, les
deux sexes apprennent à se connaître, à s'apprécier, et subissent tous le même développement. Il s'en suit que dans le mariage, le jeune
homme n'envisage pas la dot (qui n'existe que
dans quelques familles de milliardaires), ne
recherche pas une jeune fille pour l'agrément
qu'elle peut lui procurer — mais pour l'aide
physique et surtout morale qu'elle est susceptible de lui donner.

Il faut que, dans un pays où le métier de domestique tend à disparaître, la maîtresse de
maison sache, même dans une situation aisée,

vaquer elle-même à tous les soins du ménage. Il faut en outre que, lorsque son mari rentrera surmené de sa journée de labeur, elle crée une diversion reposante. Il faut surtout que, dans ces changements brusques et complets de situation si fréquents dans l'existence d'un Américain, elle n'augmente pas ses soucis et ses regrets par le spectacle de son chagrin, mais au contraire contribue par la sérénité de son humeur à lui donner le courage de refaire sa position.

Enfin la femme américaine ne considère pas la tutelle de l'homme comme une condition indispensable de son existence. Elle a la prétention d'être en tout très égale et fait son possible pour la justifier. La femme qui fait des affaires, qui est commerçante, ingénieur, avocat, médecin n'est pas rare aux Etats-Unis comme elle l'est en Europe. Mais en dehors des métiers d'hommes qu'elles font aussi bien que ceux-ci, les jeunes filles américaines se signalent à notre attention pour leur initiative et leur indépendance en maintes occasions. Des jeunes filles aisées parcourent seules les quartiers pauvres pour soulager des misères ou soigner des malades — elles fréquentent les hôpitaux, non en aimables et passagères visiteuses, mais pour y apporter un concours actif et régulier.

Elles voyagent seules pour leurs affaires ou leur agrément et tout cela sans attirer l'attention par une tenue indécente et sans être l'objet d'aucune inconvenance.

La raison en est à la fois dans ce respect de la personnalité que nous avons déjà indiqué, dans l'éducation commune qui supprime les intentions vicieuses, et aussi dans les mœurs issues de celles des races du nord anglo-saxonnes et scandinaves qui composent la majeure partie de la population des Etats-Unis.

L'éducation comme les mœurs et les lois varient dans le territoire des Etats-Unis d'une région à l'autre suivant la prédominance des races européennes qui peuplent chacune d'elles, suivant aussi la principale forme de l'activité humaine.

Il existe à cet égard de très grandes différences entre l'Ouest, pays de culture et d'élevage où les familles récemment débarquées du nord de l'Europe vivent isolées en d'immenses fermes et mènent une vie patriarchale assez semblable à celle des Boërs, et les pays de l'Est où abondent les villes industrielles et commerçantes, terrain de prédilection où se déploient toutes les ressources du génie américain et où ne réussissent aisément que les enfants d'Européens implantés depuis plusieurs générations.

Aussi nombreuses et diverses que les races, les nationalités primitives, les degrés de culture et les modes d'existence sont les croyances religieuses des hommes répartis à leur gré dans ce vaste espace et réunis seulement par l'aide mutuelle qu'ils se donnent.

Toutes les religions y sont représentées, depuis l'antique catholicisme jusqu'aux sectes nou-

velles des Doukhobors, issues du néo-christia-
nisme, en passant par toutes les Eglises réfor-
mées, par les Mormons et par l'armée du Salut.
Il n'est pas rare de voir, dans ce peuple qui
semblerait moins exposé qu'un autre aux em-
ballements de l'imagination, un nouveau pro-
phète fonder une nouvelle religion qui en quelques semaines recrute des légions d'adeptes.

Preuve que l'homme, le plus habitué à s'occuper avant tout des nécessités de l'existence,
garde comme un besoin de donner libre cours
à son imagination. Mais, aux Etats-Unis, ce sont
les misérables, les nouveaux importés ou les
pauvres indiens ou nègres descendants d'esclaves
qui forment surtout la clientèle religieuse. Pour
les autres, ceux qui sont dans le mouvement et
constituent le solide noyau de la nation, la religion est une commodité, sinon on la supprime,
ou on en change au mieux de ses intérêts.

Le mariage est aussi valable, qu'il soit signé
du magistrat ou du prêtre, et cela sans témoins
ni autorisation des parents. Ainsi comprise, la
religion n'est plus un obstacle au libre développement de l'individu. Elle est comme si elle
n'était pas.

L'éducation des enfants reflète les mêmes
différences et les mêmes aspirations. — Une
étude complète montrerait cette éducation se
pliant facilement, en chaque région, aux deside-
rata exigés par les conditions de vie différentes.
Cette étude serait pour nous du plus haut intérêt, mais dépasserait par son étendue le cadre
de cet ouvrage.

Nous ne pouvons que signaler le trait caractéristique qu'on retrouve dans toutes les modalités de cette éducation : absence totale de plan d'ensemble tracé théoriquement et imposé à l'enfant, — cela viendra peut-être plus tard. La société des Etats-Unis n'en a encore pas eu le loisir. Elle se contente actuellement de demander à ses enfants de faire des hommes actifs, entreprenants, résolus, aptes à tous les métiers. Elle trouve ainsi le moyen d'utiliser toutes les ressources individuelles d'où qu'elles lui viennent. Le seul reproche qu'on soit en droit d'adresser à cette société est d'avoir établi la plus stupide exception à ces excellents principes, en refusant aux gens de couleur la place à laquelle ils ont les mêmes droits que les hommes de race blanche.

Tout Yankee professe pour les nègres un mépris qui entraine des procédés d'une cruauté et d'une injustice qui ne sont pas faits pour nous démontrer la supériorité des blancs sur les noirs.

Mais surtout nous ne saurions oublier de quelle façon les Européens immigrés aux Etats-Unis ont peu à peu fait disparaître les Indiens qu'ils y ont trouvés. De tous les procédés employés en divers points du globe par les conquérants pour supplanter les premiers propriétaires du sol, celui des Américains est certes le plus efficace, mais aussi le plus lâche, le plus indigne d'une race civilisée ; il consiste à les parquer dans des espaces soigneusement clos, comme des animaux, puis à les apprivoiser en leur procurant, avec l'oisiveté, tous les vices débilitants usités par l'homme civilisé et dont le principal est l'alcoolisme.

Ainsi disparaît ou pour mieux dire a déjà presque entièrement disparu, une race qui, comme toute race humaine, avait droit à l'existence, qui a laissé des traces de son génie dans les monuments et les poteries que nous montrent les fouilles du Mexique et du Yucatan, et qui aurait peut-être, mélangée à nos vieilles races européennes, produit des hommes capables d'augmenter la valeur de la population actuelle des Etats-Unis.

Un aperçu de l'instruction en Angleterre est d'autant plus intéressant que la question est à l'ordre du jour — par suite de la présentation par le ministère actuel dirigé par M. Balfour de l'Education Bill, dont le but, au moins avoué est de réformer l'organisation actuelle de l'enseignement primaire et secondaire en Angleterre et dans le pays de Galles.

Mettre de l'ordre dans l'absence d'organisation actuelle, serait plus exact, si l'on en croit M. Balfour lui-même qui déclarait l'autre jour, très franchement, « que le système scolaire actuel est chaotique, inefficace, tout à fait démodé ; il nous rend risibles aux yeux de toutes les nations avancées de l'Europe et de l'Amérique ; il nous met au-dessous des Américains, des Allemands et des Italiens et n'est pas compatible avec le devoir du gouvernement anglais de permettre qu'un tel état de choses continue plus longtemps ».

Un coup d'œil sur cet état de choses semble justifier ces rudes critiques.

La monopolisation de l'enseignement par l'Eglise a persisté absolue en Angleterre jusqu'au dix-neuvième siècle.

La première tentative pour le diminuer eut lieu en 1810 sous l'influence des critiques humoristiques ou violentes que des écrivains de talent publièrent contre le simulacre d'instruction que donnaient les Clergymen.

Mais leur seul résultat fut que l'Eglise invoqua son manque de fonds, puisés dans ses seules ressources et en profita pour réclamer des subsides du gouvernement.

Elle les obtint en 1833, et ces subsides furent peu à peu constamment augmentés — jusqu'à ce qu'un ministère libéral fît remarquer, en 1870, combien il était illogique que l'Etat subventionnât des écoles sur lesquelles il n'avait aucun contrôle.

A cette date, qui marque un tournant dans l'histoire d'Angleterre, sous le ministère de Gladstone, et sur la proposition de M. E. Forster, fut votée une loi qui établit les « School boards ». — On nomme ainsi des comités locaux chargés de percevoir des contributions locales destinées à la fondation et à l'entretien d'écoles publiques uniquement contrôlées par ces comités.

Ces comités étaient composés de membres directement élus par les citoyens.

Les nouvelles écoles des School Boards doivent uniquement enseigner à lire, écrire et calculer. L'instruction religieuse n'est pas comprise dans les programmes — elle est facultative.

Le gouvernement fournissait des subsides à ces écoles comme il continuait à en fournir aux écoles ecclésiastiques.

Les écoles de School Boards se sont multipliées dans les temps derniers et dans les grandes villes.

Leur développement va de pair avec l'état d'avancement des idées : les écoles des School Boards sont favorisées par le parti libéral.

Le parti conservateur, en général, n'a jamais été très zélé quand il s'est agi de l'instruction publique. L'Eglise anglicane, qui en ce qui concerne ses quatre cinquièmes est conservatrice, s'est opposée à tous les efforts précédemment tentés en vue de créer un système scolaire national, et, quand elle ne put plus résister à la pression, elle s'efforça de se sauver en créant des écoles à elle, contrôlées par elle.

En 1870, quand le gouvernement libéral lutta pour un système national, la grande difficulté fut celle-ci : l'Eglise, d'un côté, voulait assurer l'adoption de son catéchisme dans les écoles publiques, et, de l'autre, les sectes dissidentes voulaient empêcher cette mesure.

Un compromis en résulta. — Le système de School Boards locaux et élus devant contrôler les écoles publiques primaires, fut rendu facultatif, c'est-à-dire que les districts qui préféraient

rester sans School Boards et qui trouvaient sa-
tisfaisantes les écoles « volontaires » ou « dé-
nominationnelles » purent les garder ; dans ce
cas elles reçurent des subventions sur les taxes
communales proportionnelles au nombre d'é-
lèves ayant pu passer les examens de l'Etat.

Avec cette organisation, le système des School
Boards ne fut que partiellement établi en Angleterre.

En Ecosse, des School Boards furent établis
dans tous les districts, et en ce qui concerne
l'enseignement religieux, la coutume a été de s'y
servir de la Bible protestante et du vieux catéchisme commun à toutes les sectes presbyté-
riennes.

D'autres sectes, en Ecosse, peuvent, si elles
le veulent, fonder des écoles particulières, mais
il est du devoir des Boards de veiller à ce qu'il
y ait partout des écoles suffisantes.

En Angleterre, au contraire, l'Eglise anglicane
a refusé officiellement d'accepter le système des
School Boards, bien qu'un grand nombre de
clergymen aient enseigné sous les School Boards
et qu'un grand nombre de membres de l'Eglise
aient envoyé leurs enfants aux écoles des
School Boards.

En 1870, il fut décidé que dans ces écoles
l'enseignement religieux resterait non dogmatique : il ne serait permis à aucune église d'in-
troduire ses formules particulières, et la Bible
serait considérée comme commune à toutes.

Aux yeux de beaucoup d'orthodoxes, cela est

d'une largeur de doctrine intolérable, et par conséquent les écoles de l'Église ont été conservées jusqu'à ce jour.

Dans les grandes villes, elles subsistent souvent à côté des écoles des Boards, et dans plusieurs districts de campagne il n'y a que les écoles de l'Eglise.

La conséquence en est que plus de la moitié des enfants de l'Angleterre fréquentent des écoles contrôlées par l'Église.

Or, ce sont ces écoles de l'Église et celles établies sous les School Boards pauvres dans des districts de campagne où la population est éparse qui sont les plus arriérées de toutes.

Dans les villes, les School Boards font généralement d'assez bonne besogne, et beaucoup d'entre eux sont très satisfaisants.

Quelques-unes des écoles de l'Église sont bien dirigées mais la plupart d'entre elles sont insuffisantes et mal dirigées, ceci est admis même par les champions de l'Église ; l'excuse en est, disent-ils, qu'ils ont besoin de subventions de l'Etat.

Ici se pose le premier grand problème· — Partout les écoles de l'Eglise ont reçues des subventions sur les taxes locales, et, il y a quelques années, le gouvernement conservateur leur accorda même des subventions de l'Etat, prises sur les taxes impériales.

Malgré cela elles languissent. — Les partisans de l'Église sont devenus de plus en plus parcimonieux dans leurs souscriptions, et le clergé à

la fin a demandé à l'Etat de se charger entièrement de l'entretien des écoles, sauf en ce qui
concerne la réparation des bâtiments (et tout
en laissant les directeurs cléricaux choisir les
professeurs et contrôler l'enseignement religieux
donné dans ces écoles).

A cet appel de la partie la plus forte de ceux
qui le soutiennent, le gouvernement a répondu
par l'Education Bill.

Comme l'Eglise a toujours haï les School
Boards, le projet tend à les supprimer et à
mettre partout les écoles sous la direction des
County and Borough and Urban-District Coun-
cils, c'est-à-dire de l'autorité ordinaire du gouvernement local.

Ces conseils devront nommer, sans aucun
appel au vote public, des Commissions d'instruction qui contrôleront les écoles.

C'est la fin du contrôle populaire direct. —
Les conseils où la majorité appartient à l'Eglise,
et en tout cas, les écoles de l'Eglise seront dirigées, en ce qui concerne le choix des professeurs et l'enseignement religieux, par leurs anciens directeurs.

Il est vrai qu'un tiers du nombre des directeurs sera nommé par la commission d'instruction publique, mais une telle minorité sera
naturellement sans pouvoir dans une discussion.

De plus, l'Eglise pourra, à l'avenir, augmenter considérablement le nombre de ses écoles
aux frais de la nation.

Dans tout district où on demande une école nouvelle, elle pourra être bâtie par le parti de l'Eglise, et, après une année d'existence avec trente élèves, celle-ci pourra demander aux autorités publiques de prendre à leur charge les dépenses financières, laissant aux directeurs de l'école le contrôle entier de l'enseignement religieux et le choix des professeurs.

Comme l'Eglise nomme déjà les professeurs dans plus de la moitié des écoles elle obtiendrait, de la sorte, le contrôle prédominant de tout le système de l'instruction publique.

Et ceci est, naturellement, ce que désirent le clergé et ses amis politiques. — On leur a proposé des compromis raisonnables, mais ils les ont repoussés.

On leur a proposé que la religion soit enseignée par des maîtres anglicans dans les écoles de l'Eglise, en dehors des heures ordinaires, mais le clergé n'a pas accepté cela.

Il déclare que ce qu'il lui faut, c'est l'atmosphère de l'Eglise dans les écoles ; cela veut dire que l'enseignement doit être donné par des professeurs anglicans, qui infuseront les principes de l'Eglise dans l'instruction laïque donnée aux enfants.

En enseignant l'histoire, ils défendront l'Eglise contre les sectes.

Ainsi la majorité des écoles de l'Angleterre deviendraient, si le nouveau projet était adopté, des institutions de propagande conservatrice, aucun « nonconformist » n'y étant nommé professeur.

Naturellement les nonconformists sont indignés.

Quand le projet fut déposé par M. Balfour, on ne vit pas clairement ses intentions et on crut qu'il allait être voté. Les professeurs anglicans applaudirent parce qu'ils étaient sûrs d'améliorer leur position pécuniaire ; un grand nombre d'amis de l'instruction appartenant au parti libéral étaient prêts à voter quoi que ce fût qui put améliorer les écoles de l'Eglise, et le parti conservateur, généralement, fait tout ce que proposent ses chefs.

Mais en étudiant le projet de plus près on vit qu'il n'améliorerait aucunement l'instruction publique.

Les points faibles du système actuel sont : 1º la pauvreté des districts ruraux et leur indifférence en matière d'éducation ; 2º l'infériorité de toute l'organisation de l'éducation secondaire ; 3º l'instruction scandaleusement imparfaite des professeurs.

En ce qui concerne le second et le troisième points, le projet n'offre aucune amélioration.

Il pourrait peut-être améliorer quelque peu la situation dans les districts ruraux, mais, d'autre part, il est absolument certain qu'il aurait des conséquences fâcheuses dans les villes, où les School Boards ont fait le meilleur de leur œuvre.

Ces School Boards ont été largement composés d'hommes et de femmes qui, s'intéressant sincèrement à la question de l'éducation, ont donné tout leur temps à la surveillance des écoles.

« Sauf à Londres où ils seront maintenus pour le présent, ces School Boards seront partout supprimés, — un acte de destruction générale qui étonne de la part d'un gouvernement qui s'intitule *conservateur*.

Si un ministère libéral propose d'abroger une institution reconnue inutile ou nuisible, on l'accuse sévèrement de bouleverser les choses, mais voici le parti conservateur en train de détruire une institution qui ne date que de trente ans et qui — les leaders conservateurs euxmêmes doivent l'admettre — a rendu de grands services. Il aurait facilement pu améliorer l'éducation dans les districts ruraux en instituant des School Boards pour de grandes circonscriptions et en les rendant obligatoires au lieu de facultatifs, mais cela aurait mécontenté le parti sacerdotal qui hait toutes les institutions démocratiques.

Si la nouvelle loi passe, l'enseignement sera le contrôle nominal du conseil élu pour toutes les autres affaires de l'administration locale, conseil généralement composé de personnes qui ne prétendent pas être compétentes en matière scolaire. En plus de leurs charges déjà nombreuses, ces hommes seront appelés à nommer des commissions d'enseignement et à s'occuper de l'entretien de toutes les écoles du pays.

Comme les élections aux commissions auront lieu secrètement, les membres du clergé ne manqueront pas d'être nommés en grand nombre, et ainsi ils participeront au contrôle des écoles publiques, tout en ayant le contrôle entier des écoles fondées par leur parti.

Les adhérents laïques de l'Eglise se montrent de moins en moins prêts à verser les fonds volontaires nécessaires à l'entretien des écoles de l'Eglise.

Ce n'est vraiment pas la masse du peuple qui tient la « difficulté religieuse » en éveil ; une grande partie, sinon la majorité des membres laïques de l'Eglise d'Etat seraient prêts à nationaliser les écoles de l'Eglise et les mettre sous le contrôle public.

Mais le clergé refuse d'abandonner son pouvoir, tout en ne voulant pas pour rien au monde fermer les écoles.

De là sa demande au gouvernement de charger le revenu public de tout ce que coûtent les écoles de l'Eglise (pour le moment, il propose eucore de payer les réparations des bâtiments, dans l'espoir d'en pouvoir également charger les deniers publics, au bout de quelques années).

Le gouvernement se voit obligé de répondre à cette demande de ses amis les cléricaux, et c'est ainsi que avons l'Education Bill. » (*L'Européen*).

S'il est avéré, de l'avis même des chefs du gouvernement que l'instruction des enfants est inférieure en Angleterre à ce qu'elle devrait être et à ce qu'elle est dans plusieurs autres nations civilisées, en revanche l'éducation physique et morale y est telle, qu'en présence des résultats obtenus les autres nations européennes cherchent maintenant à l'imiter.

Voyez quel est le programme d'éducation tracé par Herbert Spencer :

« La première chose à faire est évidemment de classer, d'après leur importance, les principaux genres d'activité qui constituent la vie humaine.

Ils se divisent tout naturellement ainsi : 1° l'activité qui a pour objet direct la conservation de l'individu ; 2° celle qui, en pourvoyant aux besoins de son existence, contribue indirectement à sa conservation ; 3° l'activité qui a pour objet l'entretien et l'éducation de la famille ; 4° celle qui assure le maintien de l'ordre social et politique ; 5° l'activité de genre varié employée à remplir les loisirs de l'existence par la satisfaction des goûts et des sentiments. Tel est à peu près leur ordre hiérarchique ; inutile de le démontrer longuement. »

Cet ordre est pour lui si évident qu'il ressent à peine la nécessité d'en prouver la valeur.

Au reproche qu'on pourrait lui adresser de dédaigner les jouissances artistiques, littéraires, et autres satisfactions idéales considérées comme objets secondaires dans son programme, il répond :

« Autant que qui ce soit, nous attachons du prix à la culture esthétique et aux plaisirs qui en découlent.

Sans la peinture, la sculpture, la musique, la

poésie et les émotions produites par les beautés naturelles de toute espèce, la vie perdrait la moitié de son charme.

Ainsi, loin de regarder l'éducation du goût et les jouissances qu'elle procure comme dépourvues d'importance, nous croyons que ces jouissances occuperont dans l'avenir beaucoup plus de place qu'elles n'en occupent à présent dans la vie de l'homme.

Quand les forces de la nature nous seront mieux asservies ; quand les moyens de production seront perfectionnés ; quand le travail humain pourra être au dernier point ménagé ; quand l'éducation aura été si bien organisée, que la préparation aux fonctions les plus essentielles de l'activité humaine pourra être obtenue d'une façon relativement prompte et quand, par conséquent, l'homme aura plus de temps libre à sa disposition, alors le beau dans l'art et dans la nature viendra occuper, à bon droit, une large place dans tous les esprits.

Mais ce n'est pas la même chose d'approuver la culture esthétique comme conduisant, dans une grande mesure, l'homme au bonheur, ou d'admettre qu'elle est fondamentalement nécessaire à ce bonheur.

Quelque importante qu'elle puisse être, elle doit céder le pas à ces sortes de cultures qui ont un rapport direct avec les devoirs journaliers de la vie.

Comme nous l'avons déjà dit, la littérature et les beaux-arts ne peuvent exister qu'en vertu des activités qui font que la vie sociale existe ; et il est manifeste que la chose rendue possible vient après la chose qui la rend possible.

Un horticulteur cultive une plante pour sa fleur, et s'il attache du prix aux feuilles et aux racines, c'est surtout parce qu'elles sont les agents de la production de la fleur.

Mais tout en considérant la fleur comme le produit auquel tout est subordonné, le jardinier a compris que les feuilles et les racines sont en elles-mêmes d'une plus grande importance, parce que d'elles dépend toute l'évolution de la fleur.

Il donne tous ses soins à la santé de la plante, et il comprend que ce serait folie de négliger celles-ci, s'il veut obtenir la fleur. Il en est de même dans le cas qui nous occupe.

L'architecture, la sculpture, la peinture, la musique, la poésie, tout cela peut être appelé la floraison de la vie civilisée.

Mais, en supposant même qu'elles soient d'une valeur si supérieure, que la vie civilisée qui les produit doive leur être subordonnée tout entière (ce qu'on ne saurait guère prétendre) on devra toujours admettre qu'une civilisation saine est la première chose nécessaire, et que l'éducation qui y conduit doit occuper le premier rang. »

Spencer reconnaît d'ailleurs que son plan d'études est loin d'être adopté en Angleterre, où, comme ailleurs, la véritable instruction se donne en dehors des écoles.

« S'il n'y avait jamais eu chez nous d'autre enseignement que celui qu'on donne dans nos écoles publiques, l'Angleterre serait encore ce qu'elle était dans les temps féodaux.

Notre science, tous les jours grandissante, qui nous permet d'asservir la nature à nos besoins et de procurer au simple travailleur manuel, aujourd'hui, des jouissances auxquelles les rois autrefois ne pouvaient pas atteindre, n'est due que pour une petite part aux établissements chargés d'instruire notre jeunesse. — Les connaissances vitales, celles qui ont fait de nous une grande nation, celles sur lesquelles repose notre existence nationale, n'ont jamais eu leur place au soleil dans notre système d'éducation, et il a fallu aller les acquérir dans d'humbles et obscurs réduits, pendant que les institutions officiellement chargées de distribuer l'enseignement ne faisaient guère autre chose que marmotter des formules vides. »

Nous ne voulons pas soutenir que les écoles des États-Unis soient mieux organisées et que l'instruction nécessaire, y soit mieux comprise nous avons seulement tout à l'heure relaté, avec plaisir, cette double preuve de la vérité de notre conception de l'éducation : que l'enfant n'apprend et ne retient que ce dont il ressent l'immédiate utilité — que l'instruction véritable pour l'enfant, ne se puise pas dans les livres.

C'est l'avis d'un des esprits les plus nets et les plus précis qui aient médité cette question.

La manière dont les Anglais comprennent

l'éducation de leurs enfants justifie pleinement ces vues de leur grand philosophe.

Nation éminemment commerçante, l'Angleterre demande à ses fils d'être aptes à s'occuper d'affaires, d'être prêts à partir en n'importe quel point du monde tenir un comptoir et susciter des acheteurs pour les produits d'exportation, enfin de faire des marins pour son énorme flotte commerciale.

Dans toutes les professions, la première qualité requise est de commencer jeune ; à 14 ans au plus tard, le jeune anglais débute dans une profession qui lui permettra bientôt de gagner sa vie — il est employé de commerce, apprenti dans une fabrique ou midshipman dans la marine.

Si peu importantes que soient les fonctions remplies par le débutant, elles exigent cependant de sa part une grande attention pour qu'une faute de sa part ne jette pas la perturbation dans le travail général.

Le jeune homme acquiert ainsi rapidement le sentiment de sa responsabilité.

Il se sent un homme, il agit en homme dans les diverses circonstances de son existence. Il fait partie d'un club sportif où, tous les samedis, libre à partir de midi, il peut acquérir un entraînement par lequel il se fait un corps souple, un organisme apte à supporter la fatigue, comme le froid et le chaud, des muscles vigoureux, une poitrine développée, un cœur résistant, un système nerveux peu sensible à la douleur. En même temps que sous un sang-froid apparent, imperturbable et sous l'obéissance volontaire aux indications d'un chef de camp dans l'intérêt commun, se cache un ardent désir de vaincre stimulé à la fois par l'orgueil et par le « pari » que même intérieurement, fait tout Anglais sur l'issue d'une rencontre.

Il décide seul s'il a intérêt à changer de maison ou de situation ; s'il doit se perfectionner dans telle ou telle branche de sa profession ; s'il doit partir aux colonies ou à l'étranger.

Inutile de s'inquiéter de l'autorisation des parents, elle lui est acquise d'avance, dès le moment que son objectif évident est d'assurer sa position. Point de regrets de quitter le sol natal, ses habitudes, ses parents, ses amis ; il rencontrera en n'importe quel point du globe des gens de sa race, des hommes parlant sa langue : il retrouvera son milieu, ses habitudes, son genre de vie, son club.

La quantité d'impedimenta que traîne après eux les soldats anglais, a toujours suscité l'étonnement et la risée de nos pioupious français, qui ne peuvent se faire à l'idée du tub en caoutchouc dans les bagages et de la brosse à dents passée dans la jugulaire, ou le ruban de la coiffure.

C'est que le Français sait s'accommoder de tout, tirer parti de tout, et s'il ne trouve rien, s'en console par un bon mot.

L'Anglais ne se plie pas aux mœurs des gens au milieu desquels il vit ; c'est celles-ci qu'il plie à ses habitudes qui sont pour lui des nécessités de l'existence.

Il lui faut toujours sa forte ration journalière de viande, son thé, ses sucreries, sa dose d'alcool, son exercice sportif et ses soins d'hygiène corporelle.

Tout cela il l'aura partout où il ira, parce qu'il trouve presque partout des comptoirs anglais où il se procurera les objets de première nécessité, parce qu'il emporte ces objets là où il sait ne pouvoir les trouver, et dans ce cas fondera ou aidera à fonder un nouveau comptoir destiné à combler le vide dont il aura eu à souffrir et dont ne souffriront plus ses compatriotes. C'est seulement dans ces conditions que l'Anglais peut travailler ou plus exactement profiter habilement du travail des autres, car, comme son ancêtre le Normand, sa principale œuvre est le négoce et il ne manifeste son génie que dans les affaires.

Mais un garçon élevé de cette façon manque d'instruction, première dira-t-on ?

Il est le premier à le sentir et à le réparer quand il le peut : celui qui a de l'étoffe, qui a la conscience d'une supériorité intellectuelle se hâte, dès que sa situation matérielle est assurée, de reprendre des études trop tôt interrompues ou de recommencer des études dont il ne reste qu'un vague souvenir.

C'est ainsi que Cecil Rhodes « l'Empereur du Cap » vint, millionnaire et homme mûr, s'asseoir sur les bancs de l'Université parce qu'il

avait éprouvé que son manque d'instruction
était un obstacle aux hautes situations qu'il am-
bitionnait et se sentait apte à occuper.

Nous ne prétendons pas soutenir qu'une telle
méthode soit à la portée de toutes les volontés et
applicable au cas général.

Nous voulons seulement retenir un fait dont
nous tirerons parti dans l'exposé du système
d'éducation que nous jugeons préférable.

Si nous comparons à cet égard l'Angleterre
aux Etats-Unis, nous y trouvons les mêmes
tendances, mais poussées à cet excès auquel
nous habitue le « pays du progrès ».

Ici la voie est toute grande ouverte à toutes
les ambitions et la maxime « au plus fort la
poigne » est appliquée rigoureusement.

Ici les enfants paraissent dès leurs jeux, agir
en hommes — et même en hommes d'affaires.
Ici des fortunes immenses se font et se défont
en quelques années et un homme, dans le cours
de son existence, peut être successivement mil-
liardaire et cireur de chaussures, sans que ses
compatriotes ni lui-même en soient surpris, ni
démoralisés.

Ici, plus encore qu'en Angleterre, un jeune
garçon ne perdra pas en recherches spéculatives un temps qui déjà vaut de l'argent.

Il ne méprise pas pour cela l'instruction dans
toutes ses branches, même les plus dénuées
d'application pratique immédiate.

Il y a temps pour tout. D'abord s'élever à la
force des poignets au-dessus de la foule am-

biante, — ce résultat acquis, donner libre cours à sa curiosité intellectuelle et puiser à pleines mains et pêle-mêle dans les produits du génie humain.

Les grands milliardaires, les rois « du pétrole », « de l'acier » et de toutes autres industries, consacrent sur leurs vieux jours des sommes fantastiques à l'édification d'établissements d'instruction, écoles, bibliothèques, universités, etc...

Ce serait une, erreur d'interpréter ces dons comme un regret de leur part de n'avoir pas suffisamment fréquenté, dans leur jeunesse, ces écoles et ces universités.

Leur vie serait à recommencer, qu'ils la recommenceraient comme ils l'ont faite. Dans une société où les diplômes, l'ornement ou la culture de l'esprit ne sauraient assurer à un jeune homme une supériorité quelconque sur un autre dépourvu de culture, mais plus jeune, plus entreprenant, plus décidé, où chacun a la conviction qu'entré dans le mouvement, il trouvera maintes occasions de parvenir, et que le but est de ne pas les laisser échapper, l'instruction est une satisfaction de riche et le moyen pour un homme qui a donné à lui-même et aux autres des preuves d'une intelligence supérieure de profiter de ses dons naturels pour orner son esprit... dès qu'il en aura le temps.

La supériorité de cette méthode est vérifiée par les résultats obtenus par ceux qui y ont été conduits, en vertu même des nécessités de leur existence, à la pratiquer.

Il est hors de doute que, dans les diverses branches de l'activité humaine productrice, l'hégémonie appartient de nos jours à la race Anglo-Saxonne comprenant : Anglais, Allemands, Hollandais et Scandinaves — race physiquement robuste, moralement énergique, intellectuellement pondérée et équilibrée.

Il est également certain que la situation enviable à laquelle est parvenue cette race dans le monde n'est pas due à une supériorité intellectuelle manifeste sur les autres races, mais uniquement à un emploi de ses moyens intellectuels mieux adapté aux besoins de ce moment.

Or, uniquement par conscience de ces besoins, il se trouve que ces peuples ont suivi, sans la connaître, la méthode préconisée par Spencer.

La conception théorique est d'accord avec le résultat qui découle de la force des choses.

Et comme toutes les organisations humaines se plient et s'accommodent aux besoins impérieusement ressentis, leurs formes de gouvernement, sous des apparences de titres très distincts, sont toutes simplifiées et réduites au même type.

C'est en somme une grande administration commerciale et industrielle dirigée sous le contrôle d'un conseil d'administration, par un directeur chargé de toute la besogne — et laissant la plus large part possible à la liberté et à l'initiative individuelles. — De même leur religion issue du christianisme s'est depuis Luther modifiée au point qu'elle est actuellement plus près d'une doctrine philosophique que d'une croyance à une révélation surnaturelle.

Chacun est à peu près libre de l'entendre et de l'appliquer à sa façon, de proposer aux autres sa manière de voir comme préférable, et en fait, innombrables sont les Eglises protestantes différentes de conceptions, de rites et de pratiques — et plus nombreuses encore sont les divergences individuelles dans chaque Eglise.

Libre dans l'Etat, le citoyen est libre dans ses croyances.

Cette même liberté se retrouve dans l'éducation et la vie des jeunes filles.

L'idée qu'on s'en fait en France est d'une fausseté incroyable. — Parce que la jeune fille anglaise bien élevée sort seule dans la rue, ou va se promener des journées entières avec un jeune homme sans être surveillée par la mère, par une duègne ou par une bonne, parce qu'elle choisit pour fiancé celui qu'il lui plaît, vit avec lui sur le pied d'une très grande intimité souvent pendant plusieurs années, puis parfois, en change et recommence avec un autre.

Parce que, aux Etats-Unis, filles et garçons sont mélangés à l'école, parce que la jeune fille américaine pense, agit et parle comme le fait son frère et que son frère étant maître de faire ce qui lui plaît, il en est de même pour elle.

Enfin et surtout parce que les Français ne connaissent d'Anglais ou d'Américains que les clients de l'agence Cook qui s'abattent sur Paris et les sites réputés de France — chaque printemps, avec les hirondelles — parce que ces gens sont habillés d'une façon inesthétique mais commode, paraissent vulgaires et mal élevés — et parce que les Français ne savent pas que cette clientèle spéciale à l'agence Cook se recrute parmi les gens de la basse classe sociale — petits employés, bureaucrates et surtout domestiques, qui chez nous ne sont ni plus distingués ni mieux élevés — pour toutes ces raisons, les Français considèrent les jeunes filles anglaises et américaines comme des femmes peu agréables et surtout peu sûres.

Si le Français consentait à sortir un peu de chez lui, voyait les Anglais chez eux, il serait d'abord surpris du soin avec lequel observent en Angleterre toutes les convenances ces mêmes hommes qui, à l'étranger, étalent leurs pieds sur les banquettes des wagons et vous bousculent délibérément si vous les gênez pour passer. — Il verrait que la jeune fille ayant pu vivre à sa guise avant son mariage, se cantonne, après, dans son « home » où elle se consacre tout entière à sa famille, et qu'elle n'est ni moins honnête ni moins vertueuse que chez nous.

Il verrait aussi que si la femme ne possède pas, dans la race anglo-saxonne, toute la grâce naturelle et le goût sûr de la femme des races latines, il en est un bon nombre qui excitent l'admiration par leur taille souple et svelte, la régularité parfaite de leurs traits et le coloris d'une peau remarquablement fine — 'tel qu'on ne le retrouve dans aucune race.

Malgré une éducation encore trop basée sur les anciennes méthodes, malgré un respect ridiculement exagéré des prétendues convenances puisé dans l'ancien puritanisme, malgré une insuffisance réelle d'instruction, ces jeunes filles sont cependant d'un commerce plus agréable et ont une conversation plus intéressante que nos petites françaises pétillantes d'esprit, apercevant d'un coup d'œil un travers et le caractérisant d'un mot juste, mais obligées, par une bonne éducation, de garder tout cela pour elles ou de n'en laisser échapper que quelques traits, vite réprimés par un coup d'œil sévère de la mère.

— D'ailleurs quel agrément peut éprouver un jeune homme avec une fille qu'il ne voit que dans un salon, à laquelle il ne peut adresser la parole discrètement qu'en dansant et qu'il ne connaît — que quand il l'aura épousée.

La notion exacte de ce qu'est la jeune fille anglaise et américaine ne peut qu'accentuer nos regrets que la jeune française ne jouisse pas des mêmes libertés.

Comme celle-ci est vive, charmante et naturelle quand elle n'a pas encore été mutilée et affadie par une éducation cléricale et mondaine absurde — et quand elle a le droit de se manifester comme elle le fait en famille devant ses frères et ses cousins !

Comme, au contraire, elle est rebutante de fausse modestie et de sournoise méchanceté, quand elle observe tout les yeux baissés, et fait part à voix basse à une amie de ses réflexions où s'exhale la rancune des belles années de sa vie passées en esclavage !

Au point de vue de l'éducation physique, la supériorité de l'éducation anglo-saxonne est incontestable.

Elle entraîne l'amélioration de la race et l'augmentation de sa population.

Habituée toute jeune à se servir de ses membres, puis entraînée aux sports, la femme anglo-saxonne ne redoute pas la maternité, la supporte bien et a des enfants nombreux et vigoureux.

Elle ne craint pas la déformation de sa taille, qui, inhabituée au corset, et pourvue d'une sangle musculaire résistante, reste souple après plusieurs accouchements.

D'ailleurs, elle n'a plus soif des plaisirs mondains, dont elle a très suffisamment usé avant son mariage.

Elle met désormais tout son bonheur dans la tranquillité et le bien-être de son intérieur, la satisfaction de son mari, la bonne santé de ses enfants, quelques relations intimes, les lectures et les voyages.

Elle n'élèvera pas ses enfants comme des sensitives qu'on cherche à prémunir de tous les contacts dangereux mais comme des personnalités humaines dont il faut laisser se manifester les tendances, puis les favoriser.

Les parents anglais ont le cœur dur et n'aiment pas leurs enfants, dit-on en France, parce qu'ils les laissent tout jeunes aller seuls en bateau, faire de longues excursions, jouer à des jeux très violents — et parce qu'au fils qui annonce son prochain départ pour une contrée éloignée d'où il reviendra dans quelques années..., s'il en revient, les parents répondent tranquillement : « Va mon fils ».

C'est pour eux une loi inéluctable, l'enfant a grandi pour devenir un être agissant et l'action n'est pas compatible avec la vie sédentaire sous le toit paternel où l'on abdique toujours de sa personnalité quoi qu'on fasse partant où l'on s'atrophie.

Que ces gens ne ressentent pas pour cela d'émotion au moment où s'accomplit cette séparation prévue et nécessaire, qu'en savez-vous ?

Les gens de cette race ne manifestent par leurs impressions comme le font les Français — de même que, parmi ceux-ci, les habitants du Nord ne le font pas à la même façon des gens du Midi.

Quelle raison y a-t-il de soutenir pour cela que les uns éprouvent des sensations plus ou moins vives que les autres ?

L'expression seule varie — et à tout prendre, le mode anglo-saxon est plus viril.

Que les habitants de l'autre côté du détroit ou de l'océan fassent moins de sacrifices que nous pour leurs enfants, c'est une grossière erreur.

Nous nous souvenons d'une dame anglaise restée veuve avec une nombreuse famille pour l'éducation de laquelle elle n'avait pas hésité à se transporter dans divers pays. Après un long séjour en France où presque tous ses enfants avaient terminé leur éducation et s'étaient mariés, elle nous fit part un jour de son projet d'aller soit en Italie, soit en Allemagne pour compléter l'instruction musicale de deux de ses filles. — « Il est temps, nous dit-elle, de voyager encore, avant que je sois devenue trop vieille. »

L'excellente dame avait près de soixante-dix ans.

Combien de mères françaises songeraient à cet âge à quitter leurs habitudes, et leur intérieur, dans l'intérêt de leurs enfants ?

Une autre dame, veuve d'un officier de l'armée des Indes, voyait péricliter la santé d'une de ses filles née dans ce pays. — Les médecins lui ayant déclaré qu'il était nécessaire à cette jeune fille de retourner vivre dans son pays natal, la mère s'empressa d'assurer la position de ses autres enfants, puis repartit avec sa fille malade pour les Indes qui, cependant, nous disait-elle, lui avaient laissé un désagréable souvenir.

Telles sont les mères anglo-saxonnes, — quant aux enfants, nous ne voyons que trop ce qu'ils deviennent.

Le commerce, le trafic, le mouvement du monde entier est entre leurs mains, en attendant que les Yankees monopolisent la science.

Ainsi, sans que nous voulions le voir, croît chaque jour, une race d'hommes qui peu à peu étouffera sous le nombre, dominera, par la richesse et par l'aptitude à toutes les fonctions de première nécessité, nos races latines alanguies dans leurs satisfactions intimes et opprimées par une religion autoritaire et malfaisante.

Pendant que nous rêvons d'un monde meilleur, nos voisins s'efforcent de tirer le meilleur parti possible de celui-ci. Pendant que nos jeunes gens basent leur avenir sur un héritage ou une protection, les Anglo-Saxons commencent le plus tôt possible à faire eux-mêmes leur situation.

Citons deux faits qui prouvent combien dans les deux mondes une même action peut être différemment appréciée ?

Aux Etats-Unis, un grand agriculteur de l'Ouest avait accueilli quelques enfants d'une ville voisine qui avaient déserté l'école.

Frappé des qualités sérieuses que manifestaient dans l'accomplissement des quelques travaux qu'il leur confiait, ces enfants, qui, à l'école faisaient le désespoir des maîtres, il les laissa s'employer, comme ils le voudraient, dans son exploitation.

Ces enfants en firent venir d'autres ; entre camarades ils fondèrent une agglomération, une sorte de petite république indépendante, avec magistrats élus et respectés, club, maison de réunion et même école qu'ils suivirent avec autant d'assiduité qu'ils fuyaient celle qu'on leur avait imposée.

Tous les frais de leur existence et de leur organisation étaient prélevés sur le produit seul du travail fait pour le compte du propriétaire de la ferme qui reconnaissait n'avoir pas de meilleurs ouvriers.

Dans la besogne qui leur était attribuée, la direction et la surveillance des enfants appartenaient uniquement à leurs camarades sans aucune ingérence directe du propriétaire ou de ses employés.

Le propriétaire se félicitait du résultat de son essai et obtenait les félicitations des parents des enfants et de ses concitoyens.

Voyons maintenant comment on agit en France vis-à-vis des enfants qui ne manifestent pas un goût très vif pour l'école. Nous lisons dans *Le Temps* :

« Le parquet général de la cour de Rouen, désireux de diminuer, dans la mesure du possible, le nombre des enfants qui vagabondent et sont laissés à l'abandon, a invité les parquets de son ressort à prescrire aux agents de police de conduire au commissariat les enfants qu'ils rencontrent errants dans les rues des villes pendant les heures de classe.

Une fois au commissariat, le commissaire de police les interroge et fait prévenir les parents auxquels il adresse s'il y a lieu, une admonestation.

A la suite de cette enquête officieuse, il fait établir une fiche au nom de l'enfant.

Tous les renseignements recueillis sur son compte y sont consignés et cette fiche est classée dans un casier spécial institué au commissariat de police. — Elle pourra éventuellement être consultée avec fruit si des poursuites sont exercées dans l'avenir contre le mineur, et elle fournira toujours à la justice des indications précises sur les antécédents des jeunes inculpés.

A la suite de l'initiative prise par le parquet général de Rouen, M. Martin, préfet de la Seine-Inférieure, a envoyé à tous les maires du département une circulaire dans laquelle il leur recommande de faire dans leurs communes ce qui est exécuté dans le chef-lieu du département et dans les chefs-lieux d'arrondissement.

Ces mesures dit-il, qui sont en vigueur depuis environ deux mois, ont déjà produit dans les grandes agglomérations, d'excellents résultats, et le moment paraît être venu de les étendre en campagne.

Il n'est pas rare de voir sur les grandes routes, ou à l'entrée des villages, errer des enfants qui, au lieu de fréquenter l'école, vagabondent, se livrant à la mendicité et importunant les passants lorsqu'ils ne commettent pas quelques déprédations sur les propriétés rurales.

Une admonestation qu'on leur adresserait à temps serait peut-être de nature à les arrêter sur une pente fatale et à les ramener dans la bonne voie.

Mais pour arriver à un résultat pratique, votre concours est nécessaire, et l'intervention de vos gardes-champêtres indispensable.

J'ai l'honneur, en conséquence, de vous demander de vouloir bien donner les instructions nécessaires pour que les enfants dont il s'agit vous soient conduits et admonestés par vous quand ils seront rencontrés errants aux heures où ils devraient être à l'école, devant leurs parents. »

Les deux modes d'éducation sont ainsi bien nettement différenciés :

Dans l'un on considère que chaque enfant a une tendance qui lui est propre à un certain genre d'activité et on le laisse se développer du côté où le portent ses tendances pour en tirer le meilleur parti.

Dans l'autre on n'admet qu'une discipline égale pour tous à laquelle tous doivent se plier — sous peine de punitions.

En Amérique l'enfant qui n'aime pas l'école est mis à l'atelier ou dans une ferme et y fait souvent un excellent travailleur.

En France l'enfant qui fuit l'école est d'abord admonesté, signalé comme un futur malfaiteur et menacé de prison.

Que le lecteur soit juge !

Si, de France, nous passons aux autres pays atins, nous y voyons l'éducation des enfants plus entièrement soumise au clergé catholique, plus nombreux, plus autoritaire encore qu'en France.

Tandis qu'en France, en face de l'enseignement clérical, s'élève un enseignement laïque organisé — il n'existe en Italie et surtout en Espagne dans bien des villes et dans presque toutes les campagnes d'autres maîtres que les prêtres.

Là où il y a des instituteurs laïques, leur enseignement est aussi religieux que celui de leurs confrères en soutanes et de plus le gouvernement oublie souvent de leur verser leurs appointements — si bien que quelques-uns sont dans la nécessité de fermer l'école et de s'employer à quelque métier pour vivre.

Dans les colonies espagnoles s'étale avec une cruauté digne des descendants des inquisiteurs, l'omnipotence des moines et particulièrement des jésuites.

L'histoire de Cuba et des Philippines est connue de tous et nous pensons que le récit poignant de José Rizal : — « au pays des moines » a été lu assez généralement, pour nous dispenser d'insister.

Quels sont les résultats de cette éducation ?

La perte pour l'Espagne de ses colonies qui constituaient la meilleure partie de sa richesse ; l'instabilité gouvernementale causée par les appétits d'une foule d'hommes, appartenant à la classe bourgeoise, avocats, députés, et surtout officiers, ceux-ci si nombreux que l'armée Allemande ne pourrait les occuper et si incapables qu'elle ne voudrait leur confier aucun emploi. L'inaction des travailleurs manuels sachant que s'ils gagnent quelque chose, le fisc le leur prendra pour récupérer ce qu'il ne peut tirer de tous ceux qui ne font rien — et par dessus tout, l'ingérence du clergé dans le gouvernement, dans l'armée, dans les familles, d'autant plus impérieuse qu'il sent sa fin prochaine.

La faillite imminente compliquée de révolution, enfin la seule région industrielle, civilisée de l'Espagne, la Catalogne, lasse de nourrir à elle seule le reste de la Péninsule, prête à prendre le parti de travailler désormais pour son propre compte.

C'est le seul coin de l'Espagne où se manifeste de la vitalité : là seulement il y a des usines, du commerce, dès écrivains, du théâtre, des productions artistiques.

C'est que là aussi seulement le clergé est tenu en échec par la force nouvelle et rapidement grandissante du socialisme.

En Italie les mêmes causes produisent les mêmes effets : las de travailler sans profit, dans beaucoup de régions, le peuple préfère restreindre ses besoins à ce qui est strictement nécessaire pour assurer sa misérable existence.

Cependant que sous la direction des grands chefs de l'Eglise, des nuées de cardinaux, de moines, de monsignors, d'aventuriers pourvus de titres pontificaux se livrent ardemment bataille pour obtenir des prébendes bien rémunérées.

Ils enveloppent toute la haute société laïque dans les intrigues tortueuses où se déploie le traditionnel génie de la race italienne et où se combinent avec des passions amoureuses des meurtres et des vols à main armée.

Réprimé avec sévérité chez les petites gens,

le brigandage est porté par les grands à la hauteur d'une institution sociale. La même bande qui a ses représentants dans la haute finance, la magistrature, le parlement, au Quirinal et au Vatican prélève des impôts qui s'ajoutent à ceux que les paysans et les petits propriétaires ont déjà tant de mal à payer au gouvernement.

Les familles pauvres qui composent la très forte majorité de la population vivent dans une saleté repoussante.

La même chambre et souvent le même lit reçoivent toute la famille; père, mère, enfants des deux sexes, petits et grands, parents plus éloignés, et même les domestiques.

Comme nourriture, la polenta ou le macaroni, mangés en commun dans le chaudron placé au milieu des convives.

Dès que l'enfant peut tirer parti de ses forces, il travaille, et quels travaux ! les plus pénibles et les plus dangereux semblent lui être réservés.

En Sicile, dans les solfatares, ailleurs et en France même où on les expédie par bandes, dans les verreries.

D'instruction, il n'en est pas question.

Comment songer à envoyer à l'école des enfants qu'on ne peut pas seulement nourrir.

Cependant les prêtres instruisent, pour se les attacher comme chantres, ou plus tard comme congréganistes, ceux qui leur paraissent doués des qualités requises.

Les autres, en grand nombre, s'expatrient et

l'on voit ces jeunes gens incapables de subvenir à leur subsistance dans leur propre patrie, se faire dans des pays soumis à des lois moins cruelles, des situations souvent fort enviables, et tout au moins gagner largement leur vie.

L'ouvrier italien sobre, industrieux, résistant, consent dans les pays étrangers à accepter pour le même travail un salaire moindre que celui qui est en usage, et il y gagne encore plus que l'ouvrier du pays qu'il concurrence, ne dépensant que fort peu en nourriture, encore moins pour son logement et rarement en boisson. Chanter en s'accompagnant de l'accordéon et jouer sont ses deux plaisirs.

Il devient par là même un danger pour ses camarades des pays d'Europe dont les besoins sont plus grands et auxquels ne peuvent suffire d'aussi maigres salaires.

L'ouvrier français a eu particulièrement à en souffrir dans les régions du midi et dans les centres industriels, et il a fallu pour éviter des conflits à main armée, réglementer l'admission des ouvriers italiens sur les chantiers.

Repoussés de ce côté, les Italiens émigrent en Amérique et particulièrement dans la République argentine dont ils forment actuellement une grande partie de la population.

Grâce à eux, ce pays est devenu un des plus industriels de l'Amérique du Sud et pourra bientôt convertir en objets d'emploi courant les matières premières qu'il produit, au lieu d'expédier ces matières premières en Europe ou aux Etats-

Unis pour les racheter sous forme d'objets manufacturés.

Ceux des Italiens qui ont ainsi réussi à amasser de grosses fortunes n'ont pas oublié leurs compatriotes restés misérables dans la mère patrie.

Ils versent de grosses sommes pour permettre surtout aux enfants de se développer normalement sans être obligés de subir les mauvais traitements des padrones, et les précoces rigueurs d'un travail au-dessus de leurs forces.

Nous assistons ainsi au spectacle navrant d'une race douée d'une indiscutable vitalité, industrieuse et prolifique qui est obligée pour tirer parti de son activité de fuir le pays qui lui a donné naissance.

C'est que ce pays jouit depuis des siècles du privilège discutable de posséder le chef du clergé catholique et son état-major — que le gouvernement, les lois et surtout les mœurs en ont subi une empreinte qui paralyse tout développement des diverses branches de l'activité humaine.

Depuis quelques années, le socialisme y a fait de grands progrès.

L'Italie a eu, la première entre toutes les nations, l'honneur de voir un congrès de paysans s'unissant pour revendiquer leur droit de vivre en travaillant.

« Ceci tuera cela » a dit Victor Hugo du livre en face de l'Eglise. — Cette parole de vérité tant prouvée depuis lors, peut s'appliquer au socia-

lisme naissant qui se dresse contre l'Eglise ago-
nisante.

Puisque le gouvernement, oscillant entre les
diverses « Camorras » qui se partagent la domination du peuple par la terreur, ne songe ni au
bien être matériel, ni à l'instruction de ce peuple — il faut que le socialisme se charge de
cette double tâche.

Que les enfants soient obligés, dès le jeune
âge, de travailler pour vivre, soit ! mais que des
cours du soir, des journaux, des brochures ouvrent des voies nouvelles à l'activité intellectuelle de ces enfants ; qu'ils apprennent les méthodes par lesquelles l'homme peut, avec moins
de fatigue obtenir un meilleur résultat : qu'ils
soient également conscients de leurs droits et
que les premiers éléments de science qu'on leur
inculque les délivre à jamais des superstitions
religieuses ! Là est le salut pour notre sœur
latine.

Notre rapide revue de l'éducation des enfants
chez les divers peuples civilisés sera terminée
quand nous aurons observé qu'en Allemagne la
discipline de fer et l'autocratie du Kaiser étouffe
le génie d'une race douée des plus rares qualités d'investigation scientifique comme des plus
hautes envolées vers l'idéal — mais où est l'Allemagne de Gœthe, de Schiller, de Kant ?

Actuellement les recherches scientifiques se
perdent dans la minutie et la complication de
la technique, la littérature se ressent des rigueurs
de la censure et seul Gérard Hauptman peut

nous faire admirer ses productions théâtrales.
— Son industrie consiste à reproduire en articles de pacotille ce que les autres peuples fabriquent en bonne qualité ; sa prospérité est comme la valeur de son chef, tout en façade et peut d'un jour à l'autre, s'effondrer comme un monument de plâtras.

L'enfant d'après les ordres supérieurs, apprend dans les écoles à célébrer les louanges de Dieu, et de son représentant terrestre l'Empereur, à obéir à ce dernier en toutes choses, à faire toute sa vie un soldat discipliné.

Cependant malgré l'Empereur, malgré son habile adjudant Bismarck — ce peuple a appris, au régiment même, à lire des publications socialistes, qu'il répand ensuite parmi ses camarades, les travailleurs exploités.

Ceux-ci s'unissent, se cotisent, se syndiquent avec l'esprit méthodique de leur race et en observant les règles mêmes d'organisation qu'ils ont apprises au service militaire.

En sortant de l'armée du Kaiser, l'ouvrier entre dans l'armée socialiste.

Il arrivera un moment où ce que le jeune homme apprend au régiment ou après, il le saura avant. — Ce jour là l'armée du Kaiser aura vécu.

L'Allemagne socialiste reprendra sa marche en avant interrompue depuis cette funeste guerre de 1870 (plus funeste, certes, pour elle que pour nous) l'enfant au lieu de chants patriotiques, religieux, et de commandements militaires ne retiendra que des leçons scientifiques et ainsi se renouera la série de ses admirables conquêtes pacifiques.

Cependant dans sa voisine l'immense Russie, se prépare un cataclysme rendu chaque jour plus imminent et plus effroyable par cette disproportion absolue entre la classe aristocratique qui possède tout : richesse, culture cérébrale, puissance et la foule énorme des paysans, hier encore esclaves et aujourd'hui plus asservis, plus pauvres, plus ignorants que lorsqu'ils étaient esclaves.

Au-dessus de tout et de tous, un autocrate, plus semblable aux potentats asiatiques qu'aux chefs d'Etats européens, à la fois pape, empereur, prince des nobles et père du peuple.

Dans de telles conditions, on ne voit ni par où ni comment cet état de choses, honteux pour l'Europe, peut se modifier.

Il se modifie cependant, avec une rapidité qui dépasse celle qu'on voit dans les autres nations, et cela, grâce aux classes privilégiées.

On voit à chaque moment en Russie des fils de nobles ayant à leur disposition tous les moyens de se procurer toutes les jouissances humaines, abandonner tout cela pour se consacrer au relèvement de leurs concitoyens opprimés.

Mais comme ces tendances humanitaires reçoivent du Tsar comme récompense l'emprisonnement, l'exil et la mort, la propagande des idées de justice s'accompagne souvent de propagande par le fait envers les serviteurs du monarque ou le monarque lui-même.

Quoi qu'il en soit, les idées font leur chemin. Les jeunes gens qui peuvent s'instruire s'empressent de faire profiter de leur instruction ceux qui peuvent la recevoir directement eux-mêmes.

L'union se fait entre les étudiants, véritable classe dirigeante, les ouvriers, conscients de leurs droits, et les paysans qui croient ce qu'on leur dit.

A la tête du mouvement, le grand philosophe mystique Tolstoï, l'admirable lutteur Kropotkine, les écrivains — Tourguéneff, et de nos jours Goki, qui savent si bien exprimer les sentiments de l'âme russe — une floraison admirable d'art sous toutes les formes, d'autant plus active que l'oppression est plus forte, comme en Pologne ou en Finlande — une avidité de s'assimiler toutes connaissances humaines, comme font les hommes intelligents privés dans leur jeunesse des moyens d'apprendre. Une sensibilité du système nerveux parfois presque pathologique — et par dessus tout une ardeur admirable des femmes à partager les idées, la propagande et les supplices des hommes.

Voyons quelle est sa population scolaire : les chiffres sont plus éloquents que n'importe quels raisonnements. Nous les empruntons à une étude de M. Zolotareff (numéro 171 Roussikia Vedomosti).

Au début du siècle dernier, le budget du ministère de l'Instruction publique ne représentait que 2,5 o/o du budget total du pays ; à la fin du dix-neuvième siècle, ce budget de l'Instruction publique représentait toujours 2,5 o/o du budget total.

Après l'année 1891, année de la famine, ce fut ce malheureux budget de l'Instruction publique qui fut réduit de un million, et bien que sous M. Bogolepoff il revient ou plutôt atteint 26 millions, il ne fait (en 1898) que 2 o/o du budget général de Russie. En 1901, il est de nouveau réduit de 100,000 francs et, de 1,9 o/o en 1900, ce budget tombe au chiffre de 1,8 o/o du budget général en 1901. Vu les réformes projetées pour 1902, le budget est augmenté de 3 millions et atteint 3,656 millions de roubles, mais cela représente à peine le chiffre de 1,9 o/o du budget total. M. de Witte, plus intelligent que les autres et comprenant la portée de ces chiffres accablants, explique, dans son rapport général annuel au Tsar, que d'autres ministères dépensent, eux aussi, pour l'Instruction publique et donnent le même chiffre total de ces dépenses ; en 1892, 37,4 millions et en 1902, 74,8 millions, mais que le ministre — aussi sagace — oublie de souligner une chose très importante à savoir : que les 373 millions de 1892 faisaient 3,8 o/o du budget du pays : donc, les dépenses pour l'Instruction publique restent en arrière et ne suivent pas l'augmentation de tout le budget.

Aussi l'instruction de la population laisset-elle beaucoup à désirer. Ici se sont encore les chiffres qui parlent. Dans les écoles primaires de tous les ministères il y avait au 1er janvier 1899, 4,203,246 élèves : au Japon dont la population est trois fois moindre que celle de Russie, il y eut déjà en 1888 plus de 3 millions d'élèves (En Russie vers cette époque en 1886 il n'y eut que 2 millions d'élèves). En 1896, dans 78,724 écoles primaires de tous les départements ministériels il y avait 3,801,133 élèves et en 1898 dans 78,699 écoles il y avait 4,203,246 élèves et je donne ce chiffre pour montrer que malgré la diminution du nombre des écoles celui des élèves augmente, ce qui prouve et atteste le besoin d'instruction de la population : en 1896 la population scolaire primaire était de 3 o/o de la population générale de la Russie, et en 1898 de 3,2 o/o malgré la diminution du nombre des écoles. D'après le recensement général de 1897 le chiffre officiel de la population de l'Empire est de 125,627,036 personnes des deux sexes, sur une surface de 18,715,528 verstes. Si cette augmentation même se maintient, la Russie dans 60 ans n'égalera que l'Italie et l'Espagne qui sont à l'arrière des autres pays civilisés au point de vue de l'instruction publique !

Pour comprendre davantage la situation de l'instruction publique en Russie, tournons-nous du côté du personnel enseignant dans les écoles primaires. Ici nous trouvons que 24 o/o des maîtres d'écoles n'ont fait leurs études secondaires nulle part, et que 4 o/o de ces ins-

tituteurs n'ont même pas de certificat d'instituteur. Les écoles d'instituteurs, les séminaires et
les écoles pédagogiques ne donnent que le
quart des candidats aux postes d'instituteurs nécessaires pour pourvoir aux vacances (quelle
différence avec la France). Les autres 3/4 ne
sont qu'en partie remplacés par les jeunes filles
ayant fait leurs études dans les gymnases
(lycées) et écoles ecclésiastiques de sorte qu'il
est difficile de dire si le 4 o/o des instituteurs non
préparés à leur besogne augmente ou diminue ;
mais qu'il soit insuffisant, cela est hors de
doute. Ajoutons que 96 o/o des écoles primaires sont à une classe, c'est-à-dire possèdent un
cours de trois hivers ce qui fait dix-huit mois
d'études, de sorte qu'une école de deux classes
ou plus revient à 2,075 verstes carrées et à
43,520 habitants (1 verste = 1,06 kilom.).

Voici d'ailleurs des chiffres plus éloquents et
qu'on trouve dans le tome IV de l'enseignement
populaire primaire de MM. Falbork et Tchar-
nolonski : Pour placer toute la population scolaire dans les écoles primaires, il faudra ouvrir
encore 40,660 nouvelles écoles pour le 1er janvier 1902... Parlant ensuite de l'insuffisance du
nombre des écoles et du nombre des élèves qui
restent à cause de cela sans instruction les auteurs donnent ces chiffres effroyables : rien que
dans la Russie d'Europe le nombre des enfants
de 7 à 14 ans qui restent sans instruction est
de 12,531,833 et dans l'Empire des tzars de
15,720,828 !

L'instruction secondaire laisse hélas aussi beaucoup à désirer. Au .1er janvier 1899, il y avait dans le ressort du ministère de l'Instruction publique un peu plus de 800 établissements secondaires de garçons et de jeunes filles avec 107,669 élèves dans ceux des garçons, et 94,078 dans ceux des jeunes filles.

Au 1er janvier 1901, ce nombre des écoles augmenta de 12 établissements de garçons (nous n'avons pas de renseignements concernant ceux des jeunes filles) le nombre des élèves augmenta de 20,000, ce qui montre le même mal, c'est-à-dire l'insuffisance du nombre des écoles. Le résultat en est : la pléthore de certaines écoles (par exemple 20 écoles ont à elles seules 14,000 élèves, le septième du nombre total), le petit nombre de ceux qui parviennent à achever leurs études (5 à 6 o/o) et le grand nombre de ceux qui sont obligés de quitter l'école avant la fin des études (12 à 13 o/o).

En 1898, il n'y eut que 5,044 élèves qui sortirent des écoles de l'enseignement secondaire, et en 1900, 5,816, et cela sur une population de 130 à 140 millions.

Ces chiffres prédisent déjà l'insuffisance de la population universitaire. Et en effet le nombre des étudiants en Russie est tellement insignifiant qu'il n'y a qu'un étudiant à peine par mille habitants des villes ! Est-il étonnant après cela que des professeurs manquent dans toutes les universités. Ainsi 10 facultés de droit ne possèdent que 8 docteurs de droit criminel au

lieu de 20, 14 docteurs de droit civil au lieu de
40, etc., ainsi pour toutes les chaires. Manque
de maîtres pour les universités, les gymnases
et les écoles réales (classique et moderne), manque d'hommes instruits en général.

Il ne faut pas oublier qu'il y a quelques centres
comme Pétersbourg, Moscou, Kieff, Odessa,
Riga, Khartoff, qui sont plus favorisés au détriment du reste du pays, où M. Zenger nous fait
voir des tableaux vraiment désolés.

On voit donc clairement, après le court aperçu
que nous venons de donner, quel crime de
lèse-patrie commet le gouvernement qui chasse
des universités les savants tels que Metchnikoff,
M. Kovalevski, A. Kovalevski (l'académicien
qui vient de mourir) et autres savants d'une
réputation mondiale.

On comprend après cela où peut mener en
Russie le système des saignées préconisé par
M. Zenger, système que le gouvernement russe
a toujours suivi de génération en génération,
faisant des hécatombes d'étudiants en envoyant
tous les ans des centaines aux prisons de Sibérie
ou en expulsant simplement et déportant dans
différentes provinces plus ou moins éloignées.

Faut-il s'étonner après cela du mécontente-
ment continuel, endémique pour employer une
expression médicale juste, qui règne dans les
milieux intellectuels, surtout des étudiants, ces
victimes prédestinées pour ainsi dire et préférées
de la réaction gouvernementale.

Les événements des dernières années reçoi-

vent ainsi sous le jour des chiffres, une signifi-
cation toute particulière.

Tel est le spectacle qu'offre la Russie semblable à un fauve courbé en grondant et prêt à
s'élancer sous le fouet de son maître très momen-
tané, le Tsar.

Avant de revenir en France arrêtons-nous un
instant en Suisse où nous pouvons puiser quelques utiles leçons dans les méthodes d'éducation adoptées.

Le touriste qui fait en bateau, le tour du lac
de Genève, peut voir, à une station, le pont
envahi par une bande joyeuse d'enfants des
deux sexes, sous la conduite d'un père et d'une
mère de famille qui ressemblent bien peu aux
maîtres d'école officiels. On n'entend pas parler
de punitions, menacer de privations, ni même
adresser des observations continuelles.

Tout ce petit monde cause, rit, s'occupe, regarde, admire, interroge à chaque instant les
guides qui répondent toujours affectueuse-
ment en donnant exactement le renseignement
demandé.

Quand l'intérêt languit, les enfants, à un
signal donné, chantent des chœurs ou bien
écoutent un récit, et tout cela se fait sans manifestation d'autorité de la part des parents,
ou d'obéissance à regret de la part des enfants.

Cependant, ce n'est ni un dimanche ni un jour
de fête, ni en vacances, qu'a lieu cette promenade en bateau, c'est un jour d'école : elle constitue l'école même.

Combien il est regrettable que cet exemple ne soit pas généralement suivi même en Suisse !

Si nous essayons de tirer quelques conclusions de cette rapide revue des divers modes d'éducation suivis dans les nations civilisées, force nous est d'avouer que plus cette éducation est dirigée d'après une conception théorique étroite et autoritairement appliquée et moins l'enfant ainsi élevé ne fera, quand il sera grand, œuvre utile pour lui comme pour la nation.

Malgré toute l'importance que nous reconnaissons à l'instruction nous prétendons que plus capitale encore est la nécessité de n'imposer à l'esprit de l'enfant aucune doctrine.

Le citoyen des Etats-Unis qui sait tout juste lire, écrire et compter, est autrement élevé dans l'échelle humaine que le moine romain qui peut réciter en latin la vie de tous les pères de l'Eglise et discuter tous les points de la théologie.

Toutes les autorités, en matière d'éducation sont donc funestes — d'après les résultats manifestés par le progrès divers des peuples — mais de ces autorités, la plus néfaste est celle de la religion et principalement de la religion catholique, la plus inquisitoriale et la plus autoritaire de toutes.

Le degré de prospérité d'une nation peut se mesurer à l'affranchissement qu'elle a su acquérir de la théocratie catholique. L'ignorance de la Russie peut encore s'expliquer par ce fait qu'elle est catholique orthodoxe c'est-à-dire assez voisine du catholicisme romain.

Ainsi voyons-nous la grandeur des Etats-Unis s'affirmer aux dépens de l'Espagne — et dans la Triple alliance les éléments Anglo-Saxons protestants exploiter les éléments autrichiens catholiques et protestants. Enfin, dans l'Allemagne même, les royaumes catholiques tels que la Bavière, soumis en fait à la Prusse protestante.

Nous ne voulons pas établir par là que le protestantisme soit la religion à préférer — une autorité irraisonnée est toujours mauvaise — mais elle l'est d'autant moins qu'elle laisse plus de place à la raison. C'est en cela seul que réside la supériorité du protestantisme : il abrutit moins ses adeptes. Toutes les religions sont d'ailleurs et au même titre, néfastes à l'humanité dont elles entravent le progrès quelque philosophiques que puissent paraître *a priori* leurs doctrines expurgées et épurées avec intention. Elles se prétendent toutes révélées. Or, si le Tout-Puissant s'est donné la peine de révéler la vérité, tout ce qui n'est pas contenu dans les livres saints est erreur et contre vérité. Tout ce qui s'y trouve est par contre vérité absolue. La science par conséquent est impossible, si elle n'est pas conforme à ces sacrés textes ; inutile et vaine si elle leur est conforme, car elle fait double emploi avec eux. Or, tout le monde connaît les inepties saugrenues que contiennent ces soit-disant saintes écritures en contradiction absolue et formelle non seulement avec la science, mais encore avec le simple bon sens vulgaire. Il découle donc que la Religion est en antinomie absolue avec la Science et le Progrès, seules sources du bonheur de l'Humanité. Du reste au point de vue métaphysique pur un Etre-Suprême qui par sa volonté expresse pourrait changer l'ordre absolu des choses, faire par exemple que 10×3 fassent 5 au lieu de trente, serait une absurdité irréalisable. D'un autre côté si on lui limite le pouvoir de sa volonté et que l'on déclare qu'il ne puisse pas faire que 10×3 fassent 5 au lieu de 3o, il ne peut pas réaliser ce qu'il veut, il n'est plus l'Etre-Suprême, le Tout-Puissant, il n'est plus qu'une contingence c'est-à-dire une nonentité ou plus simplement il n'existe que dans l'imagination des sinistres farceurs qui exploitent et bafouent l'humanité en son nom. Par contre, si par hypothèse on admet qu'il puisse faire que $10 \times 3 = 5$, on établit la négation de tout principe de toute raison d'être des choses, le cosmos n'est plus qu'un cahos informe où l'on ne peut être sûr de rien d'où découle *ipso facto* la négation également de tout Dieu.

CHAPITRE X

RÉSULTATS DE L'ÉDUCATION ACTUELLE EN FRANCE

Sommaire :

Dans la lutte que soutient en France l'Etat laïque pour
arracher à l'Eglise le monopole de l'éducation des
enfants — le but poursuivi est le même : Dresser les
enfants à faire de bons serviteurs — les moyens employés sont les mêmes : exciter l'imagination des enfants par des objets et des personnes en réalité indi-
gnes d'admiration, fléchir la rectitude de leur jugement
par la crainte de punitions ou de ridicule, develop-
per leur mémoire et atrophier leur intelligence. —
Cette identité de conception de l'éducation n'est pas
surprenante de la part d'une société basée sur la
différenciation des classes sociales et dont la classe
privilégiée, dite dirigeante, est tout entière imbue
de l'esprit théocratique. — L'espoir de voir améliorer cette situation repose sur la pénétration lente
mais continue de l'esprit scientifique dans toutes les
classes de la société : rendant les uns conscients de
leurs droits, les autres conscients de leurs devoirs
et remplaçant le respect aveugle des superstitions
par la volontaire acceptation des principes de justice, de liberté et de solidarité sur lesquels sera
bâtie la société de demain.

Des documents que nous venons de recueillir
sur l'état actuel de l'instruction en France et
dans les principaux Etats civilisés, il ressort
nettement que les méthodes d'enseignement

actuellement employées dans l'éducation des enfants, ne permettent pas la meilleure utilisation possible des admirables ressources que possèdent ces jeunes organismes.

Partout nous avons vu aux prises, dans diverses proportions, l'esprit ancien d'autorité gouvernementale, militaire et cléricale avec l'esprit scientifique qui rayonne peu à peu.

Il nous reste à établir quel est en France l'état actuel de l'éducation partagée entre ces deux tendances — puis à examiner quels moyens permettront d'assurer la suprématie de l'esprit scientifique permettant seul le développement rationnel des facultés de l'enfant et leur assurant tout leur essor.

Nous avons étudié les écoles ouvertement cléricales, leur nombre, leur puissance, leur influence sur toute la société.

Là, la méthode d'autorité est appliquée dans toute sa rigueur. Là, l'enfant est élevé dans le respect craintif du prêtre, de l'officier, du chef hiérarchique, du maître, du riche.

Mais en face des écoles congréganistes existe en France un enseignement laïque organisé, faisant partie de notre administration d'Etat, et où l'enfant qui a quelques ressources peut se procurer toute l'instruction désirable, depuis l'abécédaire jusqu'aux connaissances les plus spéciales et les plus élevées.

L'Université comprend l'instruction primaire, secondaire et supérieure.

Dans ces trois ordres, son but avéré est de

faire participer les enfants aux connaissances scientifiques compatibles avec leur état de développement intellectuel et de culture antérieure.

Reste à voir comment ce programme est réalisé.

Un premier fait montre dans quel esprit scientifique est appliquée cette instruction scientifique.

L'école est obligatoire pour tous les petits Français de six à douze ans. Donc, quel que soit l'état cérébral de l'enfant, quelle que soit la condition matérielle des parents, il faut que pendant cette période réglementaire de son existence l'enfant aille régulièrement à l'école.

Ensuite il n'a plus le droit d'y aller. — Conséquence : dans certains cas, cette instruction obligatoire est un obstacle à l'instruction. Nous trouvons dans la *Revue du Briançonnais* l'exemple typique suivant :

_ Dans notre région montagneuse du Briançonnais, autrefois, les enfants allaient à l'école, l'hiver seulement (l'été, les parents les employaient aux champs) mais ils y allaient jusqu'à 18 ans. — Aujourd'hui, la loi veut qu'ils y aillent toute l'année, mais. jusqu'à 13 ans seulement.

Que se passe-t-il ? Les enfants continuent à n'aller à l'école que l'hiver et la loi a beau être là, on ne peut contraindre ces malheureux, dans une région où la saison est si courte, à se priver de leurs enfants l'été, soit pour garder les bestiaux, soit pour aider aux travaux des champs. Et il n'y vont plus que jusqu'à 13 ans au lieu de 18.

L'instituteur, soit par manque de place, soit par respect de la loi, ne veut plus d'eux passé 13 ans.

Les enfants reçoivent moins d'instruction qu'autrefois et ils restent tout l'hiver livrés à eux-mêmes, garçons et filles se réunissant dans les « étables ». — Désœuvrement, ignorance, démoralisation !

Les tableaux du niveau de l'instruction dans les divers départements montrent que le département des Hautes-Alpes qui occupait un des premiers rangs il n'y a pas cinquante ans, est aujourd'hui tombé aux derniers.

Evidemment, une loi seule et unique pour un territoire aussi étendu que le nôtre, où climats, mœurs, besoins, sont si différents, ne peut atteindre le but qu'elle se propose.

On régit avec la même loi, on astreint aux mêmes obligations (toujours le niveau égalitaire) le misérable cultivateur de Vallouise et le fils du rentier des Champs-Elysées, c'est une erreur!

Il nous faudra en revenir aux pratiques du vieux temps où chaque province avait sa loi particulière adaptée à son climat et à ses besoins; tout au moins devra-t-on, le principe d'une loi posé, admettre de larges tempéraments selon les nécessités locales, si l'on ne veut voir la loi maudite et inappliquée, parce qu'inapplicable!...

Une dernière note :

Les jeunes gens du Briançonnais s'adonnaient

volontiers à l'étude, c'est-à-dire qu'ils apprenaient à lire, écrire et compter.

L'hiver venu, lorsqu'il n'y a plus rien à faire ni aux champs ni à la maison, ils se rendaient aux foires d'automne des villes ou villages du Midi, « à la loue », selon l'expression consacrée.

Là ils se louaient comme instituteurs.

Une plume à leur chapeau signifiait qu'ils apprenaient à lire ; deux plumes, à lire, écrire et compter ; trois plumes qu'ils donnaient en outre des leçons d'arpentage.

L'hiver fini, ils rentraient au pays.

Usage perdu, tué par l'instruction obligatoire.

D'autre part, si certains enfants ont à six ans 'esprit assez mûr pour bénéficier d'un enseignement dogmatique, combien d'autres, ne peuvent, même à un âge plus avancé, comprendre une eule des idées abstraites que leur fournissent le maître d'école ou les livres.

Sur ce sujet nous partageons absolument la manière de voir de Spencer, nous ne saurions 'exprimer comme il l'a fait lui-même.

« Sous l'empire de cette idée étroite qui fait qu'on voit l'éducation tout entière dans l'étude des livres, les parents mettent les abécédaires dans les mains des enfants des années trop tôt. Faute de reconnaître cette vérité, que l'usage des livres est supplémentaire, qu'ils sont un moyen indirect d'apprendre quand le moyen direct nous manque, un moyen de voir par les yeux des autres quand nous ne pouvons pas voir par nos propres yeux, nos éducateurs sont toujours prêts à nous donner des faits de seconde main, au lieu de nous faire acquérir des faits de première main.

Faute de comprendre l'immense valeur de cette éducation spontanée, qui est le fruit de nos premiers ans ; faute de voir que l'observation incessante à laquelle se livre l'enfant, loin d'être méconnue ou gênée, doit être dilligemment secondée et rendue aussi exacte , aussi complète que possible, ils s'obstinent à occuper ses yeux et son esprit d'idées et de choses qui, à cette époque de la vie, sont inintelligibles et répugnantes.

Possédés de cette superstition qui fait qu'on adore les symboles de la science au lieu de la science elle-même, ils ne voient pas que ce n'est que lorsque les objets renfermés dans la maison, dans le jardin, dans la rue, seront à peu près épuisés, qu'il faudra ouvrir dans les livres de nouvelles sources d'information à l'enfant : et cela non seulement parce que la connaissance immédiate est préférable à la connaissance médiate , mais aussi parce que les mots que renferment les livres ne peuvent faire naître des idées qu'en proportion de l'expérience acquise des choses.

Remarquez ensuite que cette instruction de formules est commencée bien trop tôt et dirigée sans égards aux lois de notre développement intellectuel.

Notre esprit marche nécessairement du concret à l'abstrait. Néanmoins des études abstraites, comme la grammaire, qui ne devrait venir que beaucoup plus tard, sont placés au commencement.

La géographie politique, chose morte et sans intérêt pour un enfant, qui devrait être un appendice de la sociologie, est commencée de bonne heure, tandis que la géographie physique, chose intelligible et comparativement agréable pour lui, est à peu près négligée.

Presque tous les sujets abordés le sont dans un ordre anormal, les définitions, les règles et les principes étant posés d'abord, au lieu d'être dévoilés peu à peu à l'esprit, comme ils doivent l'être naturellement par l'observation des cas particuliers.

Puis, en toutes choses, prévaut le vicieux système qui consiste à faire apprendre par cœur, qui sacrifie l'esprit à la lettre. Enfin, on émousse les perceptions de bonne heure par le soin qu'on prend de contre carrer la nature et de forcer l'attention de l'élève à se porter sur les livres ; on jette la confusion dans son esprit en voulant y faire entrer des choses qu'il ne peut recevoir et en lui présentant les généralisations avant les faits ; on fait de l'élève un récipient pour les idées des autres, au lieu d'en faire un chercheur actif de faits et d'idées ; et l'on arrive à ce résultat que fort peu d'intelligences produisent ce qu'elles pourraient donner.

Les examens une fois passés, on met de côté les livres. Les notions acquises, faute d'être organisées et coordonnées, se perdent vite et ce qu'il en reste est presque toujours à l'état inerte, parce qu'on n'a pas cultivé l'art d'appliquer ses connaissances et qu'on n'a pas développé en soi la puissance d'observer avec exactitude et de penser par soi-même.

Ajoutez à cela que, tandis qu'une grande partie des choses qu'on apprend sont relativement de peu de valeur, une masse de connaissances souverainement importantes à acquérir sont complètement négligées. »

Ainsi pour la plupart des enfants, pour presque tous, l'école s'ouvre trop tôt — mais aussi elle se ferme trop vite.

Une fois débarrassé de l'obligation d'aller à l'école que la loi lui impose, le jeune garçon et la jeune fille se hâtent de regagner ce temps qu'ils considèrent comme perdu — ont-ils tort de le juger ainsi ?

Quelles notions réelles conserve de ce qu'il a appris à l'école, un jeune homme de 18 ans ? A peu près aucune.

Et s'il en a conservé, de quelle utilité lui sont-elles ? d'absolument aucune.

L'école laisse en lui le souvenir d'heures ennuyeuses et d'efforts pénibles sous l'autorité d'un maître ou d'une maîtresse paraissant encore plus ennuyés que l'écolier du métier qu'ils sont obligés de faire.

A défaut de notions scientifiques exactes, utiles, et gravées dans son esprit — l'enfant acquiert-il à l'école le goût de l'étude, la curiosité d'apprendre, l'habitude de raisonner, le mépris de la superstition ?

C'est exactement le contraire qui se produit.

L'enfant à l'école doit réciter par cœur ce qu'il comprend comme ce qu'il ne comprend pas — et le plus souvent il ne se donne pas la peine de comprendre : cela l'exposerait à changer un mot et ce serait une mauvaise note.

On lui donne ce qu'on lui enseigne comme la vérité seule et tout entière, sans qu'il ait lieu de chercher et de puiser ailleurs d'autres développements.

On lui défend de faire des réflexions, et de juger, car l'écolier doit-être, avant tout, discipliné.

Enfin dans les écoles laïques on enseigne, comme dans les écoles congréganistes, le respect de toutes les autorités : on exulte le patriotisme compris seulement dans le sens de guerre à d'autres nations, on initie l'enfant aux exercices militaires, on frappe son imagination par le récit des actions d'éclat des grands capitaines.

On lui parle à chaque instant des grands capitalistes et on l'habitue à considérer comme but de la vie de gagner de l'argent le plus possible. On lui inculque cette idée fausse qu'un homme, par son seul travail, peut amasser une fortune.

Enfin, en fait de morale, on lui enseigne les principes de la religion ou ceux qui en découlent plus ou moins directement — en sorte que, dans bien des cas, il n'y a pas de différence tranchée entre ce qu'entend l'enfant dans l'école communale laïque ou dans l'école congréganiste d'en face.

Pour ceux qui trouveraient erronée cette affirmation, nous citons un document tout récent recueilli en Bretagne, par le correspondant d'un journal réputé sérieux et indépendant, *Le Temps*.

« L'Eglise et l'Ecole bretonnes réservent des surprises. Comme partout ailleurs elles luttent pied à pied — je parle de l'école laïque — pour la formation et la direction des esprits : l'école cependant est obligée de faire des concessions dont l'Eglise se contenterait, peut-être, autre part qu'en Bretagne.

N'est-ce point une preuve de l'importance et de la puissance des croyances religieuses au pays breton ?

Tout y gravite autour de l'Eglise ; chemin faisant, on y rencontre des pratiques d'un autre âge. — Le curé, « le recteur » comme on dit là-bas, est vénéré ainsi qu'un apôtre du christianisme naissant et un prêtre des religions primitives.

Il est à la fois, aux yeux de ses ouailles, le bon pasteur familier et familial, et le ministre plénipotentiaire du royaume des cieux.

Le Breton ne se contente pas de prier pour se rendre Dieu et son représentant dans la paroisse favorable. Sans doute, il est capable d'élans de foi simples et touchants, d'exercices pieux accomplis loin des regards, sans hypocrisie, mais il apporte à l'Eglise des dons en nature ou se laisse prélever sur sa bourse, ses récoltes et ses étables une façon de dîme sacrée, à laquelle le recteur seul a le droit de toucher. — Le Breton adore surtout les saints de son pays. Dieu semble avoir établi pour ces bienheureux le recrutement régional, afin qu'ils intercèdent en faveur de leurs compatriotes dont ils parlent la langue. — Suivant la spécialité de leurs miracles, ils reçoivent des offrandes symboliques.

A Carnac, saint Cornély, qui préserve et guérit des épizooties, ne refuse pas les bœufs qu'on lui amène.

A Helgoat, saint Herbot, patron des vaches, serait bien embarrassé par l'ablation et l'oblation des queues de vaches qu'on lui apporte, si le recteur ne trouvait à s'en défaire.

J'ai rencontré à Quimper le marchand qui a acheté cette année ce lot d'appendices coupés, pour en utiliser les poils, il a payé au recteur 1,700 francs.

Il existe encore à Plouguerneau une coutume singulière : à certains jours, à l'occasion d'une procession, on met aux enchères le droit de porter la statue de tel ou tel saint.

L'Eglise devient un hôtel des ventes religieux, et le curé en chaire, le commissaire-priseur céleste. — J'ai pu me procurer une cote des enchères ; ce tarif qui remonte à quelques années, est intéressant.

La faveur de porter la croix du bourg s'est

payée 16 fr. ; la Vierge, 14 fr. ; Saint Eloi, 9 fr. ;
Sainte Anne, 11 fr. ; puis vient une série de
saints à 5 fr. : Saint Jean, Saint Pierre, Saint
Joseph ; par contre, Saint Paul n'a été estimé
que 2 fr. 5o.

On se doute, dès lors, qu'il ne soit pas facile
d'obtenir chez ce peuple la neutralité scolaire.

En fait, on ne la trouve presque nulle part.
Certes, j'ai vu et visité de nombreuses écoles
dans les villes et dans les bourgs. — Partout,
ou à peu près, j'ai remarqué des emblèmes religieux, c'est-à-dire le crucifix ; partout on récite
la prière au commencement et à la fin des
classes, partout enfin, on fait réciter le catéchisme, la classe terminée. — Il n'y a pas en
Bretagne ce qu'on a appelé, ailleurs des « écoles
sans Dieu ».

L'école laïque, à de rares exceptions, n'a
point banni l'instruction ni les exercices religieux. — La grande affaire pour le père breton, c'est que son fils fasse sa première com-
munion.

Dans une grande commune d'Ille-et-Vilaine,
l'instituteur prend son école avec 27 élèves. —
Quelques mois après malgré la concurrence
des frères — il en a 120. — La raison de cette
surprenante augmentation, c'est qu'il donne
l'instruction religieuse.

J'ai sous les yeux un cahier de première com-
munion, rédigé par un de ses élèves. — C'est
le résumé des cours professés par l'instituteur,
je ne puis juger de l'orthodoxie de cet ensei-

gnement, mais il me paraît très complet. On y
trouve la question des trois symboles, des mystères, de la création de l'homme, etc. Par contre
dans un chef-lieu d'arrondissement des Côtes-
du-Nord, le directeur de l'école laïque des garçons menacé d'être dénoncé à Paris par un de
ses adjoints, comme faisant réciter le catéchisme,
suspend cette récitation. — En une quinzaine,
il perd 42 élèves.

Les directeurs que j'ai interrogés sur la vio-
lation de la loi scolaire, m'ont tous répondu :
« Si on appliquait la loi à la lettre, nos écoles
se videraient. »

Nous sommes amenés à conclure que l'enfant sort de l'école primaire apte à faire un bon
soldat, un employé ou un domestique fidèle,
mal préparé à devenir un homme capable d'observer, de raisonner, de juger, et de se conduire
lui-même d'après sa conscience.

S'il acquiert plus tard ces qualités, c'est par
une sorte de contréducation, par laquelle il se
soustraira peu à peu à l'influence funeste de ce
premier enseignement, pour puiser un enseignement plus juste et plus fécond dans la véritable grande école ; celle de la vie réelle.

Ce travail de réfection exige un état cérébral
que ne possèdent pas tous les jeunes gens, et
ne se fait que lentement et au prix de bien des
incertitudes et des faux pas.

Cependant, comment acquérir parallèlement
à cette nouvelle éducation morale, une instruction suffisante ? Dans la campagne, c'est impos-

sible. Les quelques cours du soir où l'instituteur fatigué de sa journée, recommence les mêmes leçons pour ses anciens élèves, ne peuvent que procurer à ceux-ci la même impression d'ennui.

Leur culture est insuffisante pour leur permettre de puiser un peu de science directement dans les livres, et puis ces livres sont rares, et mal choisis.

Nulle direction, aucun guide, aucun conseil. — L'apprenti, garçon ou fille, s'abstient de toute lecture, ou ne lit que des romans qui excitent son imagination et ses premiers désirs sexuels — en les faussant.

Dans les grandes villes existe un enseignement du soir qui, s'il était bien entretenu, pourrait compléter ou mieux réformer les notions scientifiques mal apprises et mal retenues à l'école primaire.

Mais le plus souvent, il ne fait que continuer les mêmes traditions et dans le même esprit.

Seul, l'enseignement du dessin, du modelage, de la musique, et des langues vivantes y est souvent donné d'une façon utile et bien des jeunes ouvriers ou employés lui ont dû une meilleure situation plus tard.

Les enfants favorisés, qui peuvent bénéficier de l'enseignement secondaire, y reçoivent une tout autre instruction. Si le résultat final qui est de passer avec succès le baccalauréat reste malheureusement un objectif trop uniquement présent à l'esprit du maître et à celui de l'élève;

si un programme trop chargé oblige à recourir
trop souvent aux opinions toutes faites, aux ré-
sumés, aux extraits et aux schémas, c'est-à-dire
au système des établissements cléricaux. Si la
mémoire peut, dans nombre de cas, remplacer
la compréhension et permettre à un jeune crétin
de passer pour un sujet brillant. Si en l'absence
des méthodes religieuses et de l'enseignement
de toute religion, persiste cependant dans les
lycées et collèges un esprit religieux trop manifeste. Si la science y est enseignée, mais sans
esprit scientifique. Si l'enfant y est plus dressé
en vue des services que la société aura à lui
demander qu'il n'est instruit des devoirs d'homme et de citoyen qu'il aura à remplir. Si le patriotisme chauvin y est présenté comme un
dogme, presque comme une religion. Si le mili-
tarisme compte trop d'adeptes parmi les professeurs dont aucun n'a fait de service militaire.
Si dans les lycées de jeunes filles, l'enseignement et l'éducation ne sont pas libérés de la
servitude religieuse et du respect irraisonné des
convenances. Si en résumé, l'enseignement
secondaire actuel reflète l'état d'esprit d'une
seule classe de la société — la classe moyenne
ou bourgeoise qui prétend établir sur un reste
de religion, sur la richesse et sur l'armée une
domination qui est la négation même de la Révolution d'où elle est issue — en revanche on
rencontre parmi les universitaires nombre
d'hommes à l'esprit libre, au jugement sain, et
ayant, dussent-ils en souffrir, l'absolu courage
de leurs opinions.

D'autre part, les enfants de la bourgeoisie, leurs élèves, sont accessibles, grâce à leur jeunesse, aux idées de justice, de liberté et de solidarité — en même temps que quelques-uns sont capables de s'enthousiasmer pour ces idées au point de s'en pénétrer uniquement et de vouloir les propager.

Fondés et entretenus pour être une pépinière de serviteurs du gouvernement : officiers, magistrats, fonctionnaires de tous ordres — les établissements universitaires forment chaque jour un nombre plus grand de jeunes gens instruits et cultivés capables de juger ce gouvernement et de lutter contre lui, s'il est en opposition avec les droits des citoyens.

Comme en Russie certains fils de l'aristocratie se mettent à la tête des peuples qu'elle opprime pour la combattre, de même, en France, de nombreux fils de bourgeois sont les premiers à reconnaître injustes les privilèges de leur caste à le déclarer, à en persuader le peuple qui en est victime et à en préparer la fin.

Mais surtout, à ces hommes qui ne reconnaissent d'autre règle que la raison et leur conscience, il est inutile d'essayer d'imposer une religion.

Ils sont libérés et ce n'est pas leur moindre force. Leur seule religion c'est le culte de la raison, leur seule guide est leur conscience éclairée, la seule autorité, leur libre arbitre. Un bon nombre de jeunes hommes dont l'instruction étendue n'est pas supérieure au déve-

loppement de leur intelligence et chez lesquels
la science est acquise dans un esprit scientifique forment actuellement en France un noyau
ferme et agissant; comme en Russie ils propa-
gent et exposent par les conférences, les journaux, les livres leurs idées, leurs espoïrs, leur
enthousiasme. C'est d'eux que sont nées les
universités populaires où malheureusement ils
ont un auditoire trop restreint (à cause de la
trop longue durée des heures de travail à l'atelier) et trop peu préparé à les comprendre tant
il y a de distance entre les notions étroites
retenues de l'Ecole primaire et les larges aperçus que donnent les hommes de science. Ces
organisations, riches d'espoir, doivent être
mises au point et pour cela s'inspirer du principe de n'enseigner à l'homme que ce qu'il a
déjà senti le besoin d'apprendre et de frapper
son cerveau par des idées concrètes avant d'en
déduire des conclusions abstraites et générales.

Aussi, mieux que les universités populaires,
les lectures, conférences et promenades artistiques, telles que les ont comprises Bouchor,
Charpentier, et L. Lumet, sont-elles aptes à
obtenir des résultats immédiats. Et comme l'art
bien compris est inséparable de la recherche
du vrai, par lui l'esprit de l'ouvrier s'ouvrira à
la recherche de toute la science.

Ceci est vrai pour les jeunes hommes. Combien l'est-il davantage pour les jeunes femmes !

Ce sont elles qui constituent le dernier rempart de la religion — grâce à leur ignorance, à leur inhabitude et inaptitude de toute réflexion, de tout raisonnement de toute indépendance d'esprit ou de caractère.

La femme chez nous est honnête et esclave, ou libre et prostituée à de très rares exceptions près.

Il n'y a pas de milieu. Les exceptions confirment d'ailleurs les règles.

En cela la Russie est plus avancée que la France dans la voie de l'affranchissement intellectuel et moral.

La femme honnête est libre, instruite, ardente à propager ses idées auxquelles elle est plus attachée qu'au bien-être et même qu'à la vie.

Ne nous le dissimulons pas, la Française est actuellement en retard sur la femme de bien d'autres peuples dont la civilisation est par ailleurs inférieure à la nôtre.

Elle est universellement recherchée et adulée ? Oui, comme femme à plaisir ! Triste supériorité à laquelle nous devons les millions que tout étranger riche vient jeter dans Paris considéré comme le lupanar de l'univers.

Et cependant, si la jeune fille bourgeoise sera difficilement arrachée au mode d'éducation que la recherche d'un beau mariage et le respect traditionnel de certaines convenances conduisent les parents à lui imposer — ne reste-t-il pas la grande classe des filles du peuple, des petites ouvrières, qui, plus qu'aucune fille du monde, possèdent la curiosité de savoir, le goût du beau, l'émotivité. l'enthousiasme, partant ce qui est juste, grand et beau.

Il y a presque en chacune d'elles l'étoffe suffisante pour l'élever à un niveau égal à l'élite de l'humanité.

Tout cela actuellement est perdu et sombre, soit dans l'abrutissement d'un travail manuel et de soucis au-dessus des forces humaines, soit dans la triste vie de plaisirs de la prostituée.

Tout cela peut être développé en facilitant d'une part la vie matérielle de la jeune ouvrière — en développant d'autre part sa culture cérébrale principalement par la pratique de tous les arts.

Mais il faudrait que dès le début, cette culture ne fût pas faussée comme elle l'est actuellement dans les écoles religieuses qui forment ou plus exactement déforment la grande majorité de nos petites filles.

CHAPITRE XI

L'ÉCOLE DE DEMAIN

Sommaire :

Les principes qui se déduisent de l'observation des faits et des nécessités de la civilisation peuvent faire prévoir ce que sera l'école de demain et permettent d'en indiquer les grandes lignes. — L'abîme qui la sépare de l'école actuelle ne peut être comblé en un jour ; l'éducation des enfants suivant toujours l'évolution des idées et des mœurs. Mais, parmi les réformes généralement reconnues nécessaires, il est possible de signaler celles qui, immédiatement réalisables, permettent, dès maintenant, une meilleure utilisation des forces vives de chaque nation par un meilleur développement des individus.

Nous avons étudié ce qu'était l'école autrefois, sous la domination exclusive de l'Eglise, ce qu'elle est actuellement sous la tutelle de l'Etat qui s'efforce d'arracher à l'Eglise l'éducation de l'enfant pour la faire servir à ses intérêts.

Nous avons vu, comment l'enfant, dont on dispose sans tenir compte de ses goûts, de ses aptitudes et de sa situation future, réagit en n'acceptant la discipline qu'on lui impose que comme un vernis qui éclate ensuite, comme sur un jeune arbre éclate l'écorce sous la poussée de la sève.

Nous avons montré que les doctrines sur l'éducation des enfants varient suivant l'évolution des doctrines sociales dans les différents peuples.

De cette étude, il ressort que l'éducation actuellement pratiquée dans les diverses nations civilisées est, à des degrés divers, partout hors de rapport avec les besoins actuels de la civilisation.

Les temps sont passés des états et des sociétés impérieusement hiérarchisés et soumis à l'indiscutable autorité des prêtres, représentants terrestres d'une divinité hypothétique, et des nobles, représentants de la force brutale.

Les temps sont passés où l'on ne concevait de meilleur emploi des forces humaines que la division des citoyens en deux classes : ceux qui décident, commandent, dirigent, ceux qui n'ont d'autre rôle que d'exécuter servilement les ordres reçus.

De nos jours, quelle que soit l'étiquette gouvernementale, quelles que soient les illusions que se fassent certains monarques sur leur pouvoir, le peuple entier a conscience de son droit à décider de l'usage qui sera fait de l'impôt qu'il paie, comme de son droit à ne verser son sang que pour une cause qui lui semble juste.

Tous les actes humains échappent de plus en plus au principe d'autorité et sont déterminés par le libre consentement résultant de la libre appréciation.

La raison, si elle ne dirige pas seule tous les esprits est au moins invoquée comme l'unique règle à laquelle on veuille obéir.

Loin de courir à la faillite que lui prédisait l'esprit clérical agonisant, la science a fait sentir trop vivement ses bienfaits dans toutes les circonstances de la vie matérielle, pour ne pas entraîner la croyance unanime en sa puissance qui n'a d'autres limites que celles de l'activité humaine.

Si bien que l'homme civilisé s'occupe maintenant beaucoup plus d'améliorer son sort, celui de sa famille, de ses concitoyens et de ses enfants sur cette terre, et beaucoup moins de vivre dans une fataliste indifférence aux choses de ce monde, en attente de jouissances sans fin après sa mort.

Il en résulte qu'au lieu de préparer l'enfant, dès sa naissance, à mériter cette suprême récompense par l'observance de règles convenues, toutes les sociétés s'efforcent de tirer de cet enfant, par une sage éducation, tout le parti possible pour lui-même et pour la société tout entière.

C'est en effet une conséquence évidente de la part que prend tout individu à la marche générale des affaires, que la mise en valeur de chacun soit un bienfait pour tous.

De ce principe découlent une foule d'applications : telles que la nécessité de la solidarité, de l'assistance, de la justice égale pour tous, — nobles idées qui sont exprimées dans nos lois et inscrites sur nos murs — en attendant qu'elles pénètrent tous les esprits.

Mais l'application la plus féconde est certes la nécessité de n'empêcher par aucune discipline mal comprise le libre développement du jeune organisme humain.

Conçue dans un esprit scientifique, l'éducation, loin d'être une formule algébrique dans laquelle il suffit de remplacer les lettres par des facteurs vivants pour obtenir le résultat demandé, doit s'entendre comme l'aide intelligente donnée par des hommes conscients à chaque enfant dont la conscience s'éveille, pour lui faciliter les moyens d'obtenir de la culture de sa raison des résultats aussi bons et même meilleurs que ceux qu'ils en ont obtenus eux-mêmes — c'est faire en un mot pour l'enfant, ce que l'horticulteur fait pour la plante, ce que l'éleveur fait pour le jeune animal.

C'est appliquer à ce sujet de première importance, les connaissances acquises par la science sur l'organisme humain, sur les lois qui président à son développement et à son fonctionnement normal et pathologique.

Ainsi comprise, l'éducation n'est à vrai dire qu'une branche de l'hygiène.

On l'a proprement appelée puériculture, tant qu'elle ne s'adresse qu'aux nouveau-nés — mais notre atavique respect des traditions cléricales s'est opposé à ce que le mot et la chose qui sont reconnus vrais pour l'enfant jusqu'à deux ans continuassent de l'être au-delà de cet âge.

L'avis du savant, de l'hygiéniste, du médecin est bon à suivre tant qu'il ne s'agit que de régler les actes digestifs, il est inutile dès que prédomine le fonctionnement du système nerveux. Tant subsiste, au fond de nos croyances, l'antique absurde distinction entre l'âme et le corps !

L'éducation de demain doit abandonner ces divisions scolastiques — et ne doit s'appuyer que sur les constatations précises de la physiologie à un organe spécial.

Notre grand chimiste le professeur Armand Gautier, a magistralement exposé sous le titre de :

« La vie : de l'assimilation à la conscience. »

Ses méditations sur la nature des phénomènes psychiques.

Nous en extrayons les passages suivants :

« Un animal vit, comme la cellule, en vertu du fonctionnement harmonique de l'ensemble de ses organes.

Cette harmonie est sous la dépendance d'un système matériel spécial, le système nerveux chez les êtres supérieurs.

Ce système qui préside à l'organisation et à la vie d'ensemble, est mis en activité par les excitations qu'il reçoit des divers organes et du monde extérieur, excitations le plus souvent inconscientes.

A l'état normal, le système nerveux réagit de

telle façon que les actes qu'il provoque concourent à une fin commune, la vie et l'accroissement de l'individu.

Pour passer de l'excitation transmise à la cellule nerveuse à l'acte matériel, réfléchi ou réflexe, que provoque cette excitation, il faut que l'énergie traverse la cellule nerveuse et s'y transforme en nature et direction.

Dans l'appareil nerveux qui préside à la vie organique, il n'y a rien que de mécanique ou de physico-chimique, aucun principe vital n'y commande, aucune force n'en émane qui ne vienne de la matière.

L'énergie matérielle est transformée et dirigée par la cellule nerveuse comme elle l'est par la pile, par l'aimant, par le rouleau imprimé du phonographe qui transforme un vulgaire mouvement de manivelle en paroles humaines aptes à diriger au besoin notre pensée et à exciter et guider nos actes comme le fait la cellule nerveuse, vers notre défense et notre conservation.

La conscience est cette aptitude de l'être supérieur qui permet de connaître, de voir intérieurement, les impressions matérielles reçues par les organes de la vie psychique, et de comparer ces impressions soit entre elles, soit avec des types qui semblent nous être transmis avec la vie.

Cette connaissance de l'état actuel de l'organe impressionné, cette sensation intérieure et cette comparaison suivent ou peuvent suivre les impressions, mais elles en sont complètement distinctes. Elles ne se produisent ni dans les cellules nerveuses qui dirigent la vie inconsciente, ni toujours dans celles de la vie consciente chez le très jeune enfant, l'incapable et le distrait.

Elles nécessitent d'ailleurs l'attention du moi conscient, attention qui n'a rien à faire avec l'impression, et qui seule répond à une transformation matérielle, et par conséquent à une dépense certaine de l'énergie transmise aux centres nerveux.

L'attention est un état du moi conscient qui jouit en même temps des aptitudes de sentir, comparer et vouloir, c'est-à-dire de penser.

Sentir, comparer, vouloir, sont des états conscients provoqués en nous par la connaissance des formes successives ou simultanées laissées dans nos cellules nerveuses par les impressions matérielles, actuelles ou antérieures, ou transmises par l'atavisme ».

Ainsi l'enfant doit commencer par faire provision d'impressions qui constituent sa richesse cérébrale.

Celle-ci dépend évidemment de l'acuité avec laquelle les sensations sont perçues et cette acuité varie avec la race, l'hérédité, l'état de santé de l'enfant.

Combien d'écoliers considérés comme d'incorrigibles paresseux sont uniquement des enfants malades, chez lesquels l'appareil digestif fonctionne mal, la circulation est ralentie, ou les phénomènes d'oxydation insuffisants.

En dehors de ces cas pathologiques, l'enfant le mieux portant et le mieux doué est incapable de réfléchir, juger et comparer avant que des impressions assez nombreuses perçues par son cerveau lui aient fourni les éléments indispensables à ces rapports qui constituent la pensée.

Toutes les fois qu'on exige d'un enfant qu'il exprime une opinion sur un sujet, qui ne l'a pas frappé, on l'oblige à mentir en donnant comme le résultat de sa pensée, le produit de la pensée d'un autre, et on lui fait prendre la funeste habitude de s'éviter la peine de réfléchir et de juger par lui-même, grâce à un léger effort de mémoire, c'est ce qui se fait à chaque minute de l'éducation de l'enfant depuis l'abécédaire jusqu'au baccalauréat.

L'enfant ne peut cependant pas apprendre à lire tout seul ? Evidemment, mais pourquoi ne pas utiliser pour cet exercice (qui est, sans que l'on y songe assez, la plus difficile de toutes nos études) pourquoi ne pas utiliser le souvenir que laissent si vivement dans l'esprit de l'enfant les images visuelles.

Quand on montre à un enfant les lettres comme des dessins, comme des images et qu'on lui indique en même temps le nom de chacune absolument de la même façon qu'en montrant un cheval ou le dessin d'un cheval on lui fait dire le mot cheval, on est surpris de la facilité avec laquelle l'enfant retient les images visuelles et les noms correspondants, et combien cet exercice l'intéresse.

Cependant l'usage absurde subsiste de faire réciter la série de lettres dans l'ordre, de telle sorte que l'enfant ne reconnaît plus la lettre si on la lui change de place dans la série.

Mêmes facilités pour apprendre le solfège en associant l'image visuelle de la note à un son nettement déterminé.

Mêmes facilités pour apprendre une langue en accompagnant la vue de chaque objet du nom de cet objet et en meublant la mémoire d'un certain nombre de ces noms correctement prononcés avant de songer à aborder les règles si abstraites et si compliquées de la grammaire.

Si on applique ce principe à tous les genres de connaissances, si on s'occupe de chaque enfant séparément et non en même temps d'une classe entière (laquelle représente une entité ne correspondant en fait qu'à un ou deux élèves sur trente) — si, au lieu de menaces, de promesses de récompenses, ou de satisfactions d'amour-propre, on n'use d'autre excitant que la naturelle curiosité de l'enfant.

Si, au lieu de renfermer les enfants dans un bâtiment qui semble être le premier d'une série continuée par la caserne et la prison, on se borne à diriger leur attention sur les objets qu'on veut leur faire connaître, en causant avec eux, au cours d'une promenade, et en se gardant d'insister dès qu'on voit que l'enfant n'écoute plus volontiers, quitte à revenir au même sujet à la première occasion — on arrive à faire considérer à l'enfant l'étude comme un jeu plus intéressant que les autres jeux.

Quel pédagogue suffirait à une pareille tâche, dira-t-on ?

Aucun certainement! ne le regrettons pas!

Est-ce que l'éducation des enfants est un métier, auquel peuvent être dressés un certain nombre de personnes, comme à confectionner des vêtements ou une table?

Est-ce que l'étude des tendances propres de chaque enfant, de son caractère, de l'inégal développement de ses diverses facultés et du meilleur parti à en tirer n'est pas le rôle des parents ?

Mais pour bien remplir ce rôle, ceux-ci doivent eux-mêmes avoir reçu une tout autre éducation que celle actuellement en usage.

Ils doivent être pénétrés de la conviction que le seul droit qu'ils possèdent sur leur enfant est celui de s'occuper de lui dans le but de mettre en valeur sa personnalité.

Ils doivent être préparés à cette fonction par une connaissance précise des lois de la vie et de l'évolution, comme des règles de l'hygiène, par l'habitude d'observer, d'expérimenter et de ne tirer des conclusions que de faits nettement établis ; en un mot ils doivent être pourvus à la fois de connaissances scientifiques et de l'esprit scientifique.

C'est trop demander, dira-t-on? Quelques individus peuvent seuls, dans ces conditions, être aptes à instruire leurs enfants.

Nous prétendons au contraire, qu'il est suffisant, pour obtenir ce résultat, de supprimer dans les écoles tout l'enseignement dogmatique, théocratique, gouvernemental et militaire. A des enfants non encore abrutis par l'école actuelle, on apprendrait en quelques causeries toutes les notions d'hygiène actuellement bien établies, alors que ces mêmes enfants, au bout de 4 ans d'école, n'ont pu encore retenir l'histoire sainte ou le règne des Capétiens.

Nous prétendons que l'enfant serait tellement séduit par l'intérêt de ce qu'on lui a montré et prouvé expérimentalement sur les phénomènes de la vie commune qu'il a constamment sous les yeux, qu'il aurait hâte d'en faire part aux frères et sœurs plus jeunes et qu'ainsi la bonne semence se disperserait, et germerait dans les jeunes cerveaux d'autant plus aisément qu'elle tomberait sous sa forme la plus assimilable dans des terrains neufs et disposés à la recevoir.

Mais quand l'enfant arrive à l'âge où il lui faut songer à tirer parti de ses forces pour gagner sa vie, s'il est pauvre, ou bien à recevoir une instruction plus étendue, s'il appartient à la classe privilégiée, comment appliquer ce système ?

D'abord nous ne pouvons admettre que subsiste bien longtemps le droit unique à l'instruction des seuls enfants qui peuvent l'acheter.

Supposons qu'il existe une seule voie suivie par tous les enfants, riches ou pauvres, avec la seule distinction de leurs diverses aptitudes.

Cette voie, c'est le travail manuel commencé

très tôt, aussitôt que les forces de l'enfant peuvent le permettre, pour ainsi dire dès que l'enfant peut se tenir sur ses jambes, travail manuel combiné avec la culture intellectuelle que nécessite ce travail même pour atteindre sa perfection et cela continué pendant toute l'existence.

Nous renonçons à comprendre sur quelle loi scientifique peut être basée la division de l'existence humaine en trois périodes scrupuleusement respectées par tous actuellement : Une première période où l'enfant est considéré comme un petit animal auquel suffisent une bonne nourriture et des caresses, une seconde période consacrée à l'instruction de l'enfant, aussi intensive et prolongée que le permettent les capitaux des parents, et dépourvue de toute application pratique immédiate.

Cette période peut se prolonger jusqu'à 40 ans et au delà, par exemple chez nos agrégés des lettres, de la médecine etc..., après quoi on cesse complètement de s'instruire pour se consacrer uniquement à un métier, ce qui constitue la dernière période, à moins que l'individu ne meurt, ne devienne fou ou imbécile avant d'avoir accompli sa totale évolution.

Nous avons la hardiesse de croire qu'il serait plus en rapport avec le développement normal de l'homme de lui laisser la possibilité d'accroître chaque jour la somme des connaissances qui lui semblent utiles à son métier, à l'accomplissement de son rôle de citoyen et de père de famille, ou simplement à sa jouissance intellectuelle. Nous pensons que la faculté qu'a un homme de savoir se servir de ses mains pour confectionner n'importe quel objet de l'usage le plus vulgaire, ne constitue pas une tare ou une déchéance pour cet homme. Qu'au contraire, elle lui donne seule cette valeur primordiale de pourvoir lui-même aux nécessités de son existence en n'importe quel lieu et en n'importe quelles circonstances, qu'ensuite l'harmonie des mouvements qu'exige tout travail manuel se répercute de la plus heureuse façon sur le cerveau dont elle facilite l'accroissement symétrique, qu'enfin le développement musculaire qui résulte de l'accomplissement régulier d'un travail manuel sans surmenage complète heureusement tous les bienfaits de ce genre d'existence.

Mais pour que cet heureux résultat soit obtenu, il ne faut pas évidemment que le travail manuel soit, comme actuellement on le voit trop souvent, un travail de brute ou de forçat.

Dès le moment que le programme de l'existence humaine ne comprendra plus une série d'exercices qu'il faut épuiser avant de passer aux suivants — il ne peut y avoir aucune hâte, aucun surmenage, chacun proportionnant sa part de travail manuel, de travail intellectuel et de repos à ses besoins et à ses désirs.

On ne verrait plus ainsi des jeunes gens ayant fait des prodiges pour s'assimiler (au moins en apparence) une somme colossale de connaissances en un temps ridiculement limité incapables ensuite d'appliquer utilement la moindre de ces connaissances, des ingénieurs sortant les premiers de Polytechnique et moins aptes qu'un simple agent-voyer à faire établir un pont ou une route — des agrégés de la Faculté de médecine, médecins des hôpitaux de Paris. apprenant à ausculter un malade, quand ils ont acquis le droit de l'enseigner.

Dans une existence où le cerveau et les muscles fonctionnent normalement, physiologiquement, le travail cesse d'être une peine et devient l'occupation la plus agréable — il cesse d'être une fatigue, puisque chaque jour il est proportionné aux forces de chacun.

Dès lors disparaît la nécessité du repos dominical, des congés, des vacances, toutes conventions arbitrairement instituées en opposition avec les lois de la nature et cependant nécessaires dans une société où les forces humaines sont mal employées.

De même disparaît l'infinie division des connaissances humaines que les hommes ont nettement séparées sous des titres différents bien que dans la réalité la science soit une et que les sujets qu'elle embrasse offrent tous d'infinis points de contact.

Comment admettre qu'il soit permis à tel individu de savoir pertinemment pourquoi le jour succède à la nuit, la saison froide à la saison chaude, — pourquoi il gèle et comment se produit la rosée — tandis qu'on juge inutile de lui faire connaître ce que nous savons de la nature et du cours des astres — de la composition du sol sur lequel nous marchons et de l'air que nous respirons.

Pourquoi le médecin doit-il posséder toutes les connaissances possibles sur l'anatomie, la physiologie et la pathologie du corps humain, et ignore-t-il tout ce qui concerne les plantes et les animaux?

Alors que tout homme qui n'est pas médecin ne sait seulement ni quels sont les aliments qui lui conviennent, ni de quelle façon il doit se vêtir, ni comment se prémunir de la contagion?

Nous avons toujours été frappés du manque de logique, de raison manifesté par des hommes éminents dans leur spécialité dès qu'on les amenait à parler d'autres sujets. — Nous ne leur faisons pas le reproche d'être incomplets (quel homme peut être complet?) — nous critiquons le défaut de jugement provenant chez eux d'un défaut d'équilibre; nous relevons cette tare commune chez eux, de voir la vie entière sous l'angle de leur comptoir, de leur bureau, ou de leur chaire de professeur et nous regrettons de les voir couvrir de l'autorité de leur nom de grossières erreurs.

Aucun homme ne peut être omniscient, mais tout homme peut raisonner juste sur toutes choses — quand son éducation s'est faite scientifiquement et l'a habitué à ne tirer de conclusions que de faits précis et de vérités évidentes.

Car si la science a un domaine illimité, les

procédés scientifiques sont toujours les mêmes
car ils ne sont autres que le raisonnement appliqué à la recherche de la vérité.

Comme le vrai seul est beau, tout art est faux
qui ne donne pas l'impression de la vérité.

Faux art que celui qui, sous prétexte d'orne-
ments, affuble un monument, une statue, un
tableau de fioritures ne répondant à aucun motif, à aucune réalité.

Faux art de voiler la nudité de feuilles de
vigne, comme de faire saillir les muscles d'un
personnage dans une attitude où les contrac-
tions musculaires ne sauraient se produire.

Faux art de représenter la nature sous des
couleurs de lys et de roses quel que soit l'éclai-
rage ; les hommes sous un aspect aimable et de
jolis vêtements quels que soient leur condition et leur métier, de peindre des moutons fri-
sés au petit fer et des chevaux qui paraissent
maquillés.

Faux art de nous faire entendre des mélodies
qui se fixent si aisément dans la mémoire qu'on
en est bientôt obsédé — et qui nous dépravent
le goût au point que nous déclarons incom-
préhensibles les grandes harmonies semblables
à la grande symphonie de la nature ou aux chants
primitifs issus de l'âme du peuple dont l'éducation n'a pas encore été faussée.

Nous avons subi cet-art là depuis trois siècles ; à peine commençons-nous à en voir sur-
gir un autre.

Cependant que dans nos constructions et nos

ameublements s'exagère la recherche de la bizarrerie et de l'inutilité, nous voyons dans la peinture les œuvres de Claude Monet, de Manet, de Millet, de Puvis de Chavannes, attester une compréhension de la variété des couleurs sous les différents éclairages et de la beauté de la nature représentée telle qu'on la voit.

En sculpture, Rodin et Constantin Meunier renoncent à polir des marbres qui soient jolis et plaisants à l'œil comme des gâteaux de sucre, pour nous faire apprécier la beauté qui réside dans les grandes lignes savamment étudiées, et dans l'homme reproduit tel qu'il est, même dans sa besogne de manœuvre.

C'est vers cet art, étudié scientifiquement que s'orientent les jeunes générations d'artistes. C'est lui qui constituera le style original du vingtième siècle et renouera par-dessus les siècles d'oppression la chaîne commencée par les Grecs et les Romains et continuée par les primitifs, les peintres flamands et les ouvriers de génie du Moyen-Age.

Il n'atteindra toute sa valeur que quand ne subsisteront plus les distinctions factices entre les arts dits d'agrément et les arts dits industriels — quand on ne bâtira plus les maisons laides et incommodes pour les encombrer de bibelots inutiles, de tableaux et de statues reçus aux salons et de tapisseries imitation des Gobelins. Mais quand on appréciera la satisfaction de n'avoir sous les yeux que des objets usuels aux formes gracieuses en harmonie avec leur destination, quand on jugera la beauté d'un monument ou d'une statue, à la pureté de leurs lignes simples et à leur conception en rapport avec ce qu'ils abritent ou représentent — quand on goûtera dans un tableau le souvenir d'un aspect de la nature qui vous a impressionné.

De même la poésie nous lasse et nous agace actuellement, parce qu'elle se croit obligée de revêtir chaque pensée d'une expression noble et métaphorique.

Dès qu'elle ne cherche, au contraire, qu'à nous présenter une idée vraie sous une forme tellement parfaite qu'à la précision des termes se joint l'harmonie des mots et la vigueur des images — elle nous enthousiasme comme la plus admirable façon dont l'homme puisse user pour communiquer avec ses semblables.

De sorte que les arts rangés par les scolastiques dans le domaine exclusif de l'imagination et du sentiment, tels que l'architecture, la sculpture, la peinture, la musique, la danse et la poésie ne peuvent trouver leur épanouissement qu'à condition de s'appuyer solidement sur la science, base de toutes les œuvres humaines.

Et de même toute étude scientifique poussée un peu loin excite l'imagination et entraîne avec le sentiment du beau, une tendance à l'expression poétique.

Cela est si vrai que, dans notre période d'art truqué et de poésie de faux aloi, il nous faut chercher les vrais artistes et les vrais poètes parmi nos hommes de science, nos savants de laboratoire qui savent souvent exprimer la vérité avec les accents de la plus pure et de la plus admirable poésie.

Nul génie ne se prête autant à ces sublimes envolées que notre génie français apte à saisir d'un coup d'œil les conséquences éloignées d'un simple fait bien observé.

Ainsi retrouvons-nous ces qualités portées au plus haut point chez Claude Bernard, Renan, Charcot, Armand Gautier, Elisée Reclus, Michelet.

Tant il est vrai que l'art ne peut rien sans la science, et que la science est elle-même art et poésie.

Cette grande vérité a d'ailleurs été exprimée maintes fois et toujours sans être généralement acceptée. Aussi ne croyons-nous pas inutile de reproduire explicitement à ce sujet un passage de Spencer, et les paroles récemment prononcées par M. Janssen à la séance publique de l'Institut de France.

« Ce qui n'est pas vrai, dit Spencer, c'est que les faits de science soient en eux-mêmes dénués de poésie, ou que la culture scientifique nous rende impropre à l'exercice de l'imagination et à l'amour du beau. Au contraire, la science ouvre au savant des mondes de poésie là où l'ignorant ne voit rien. Les hommes occupés de recherches scientifiques nous montrent à tout moment qu'ils sentent non pas seulement aussi vivement mais plus vivement que les autres, la poésie de leur sujet. Ceux qui connaissent la vie de Gœthe savent que le poète et l'homme de science peuvent exister tout les deux avec une égale plénitude dans le même individu.

N'est-ce pas une idée absurde, sacrilège, de croire que plus on étudie la nature, moins on la révère ? Pensez-vous qu'une goutte d'eau qui, pour le vulgaire, n'est qu'une goutte d'eau, perde quelque chose aux yeux du physicien, parce qu'il sait que, si la force qui réunit les éléments dont elle se compose était subitement dégagée, elle produirait un éclair ? Pensez-vous que ce qui paraît au spectateur non initié un simple flocon de neige, n'éveille pas des idées plus hautes chez celui qui a examiné à travers le microscope les formes merveilleusement variées et si élégantes des cristaux de neige ? Pensez-vous que ce roc arrondi, strié de déchirures parallèles, évoque autant de poésie dans l'esprit d'un ignorant que dans celui du géologue qui sait qu'un glacier a glissé sur ce rocher il y a un million d'années ? La vérité est que ceux qui n'ont jamais pénétré dans les domaines de la science sont aveugles pour la plus grande partie de la poésie qui les entoure.

Celui qui n'a pas dans sa jeunesse collectionné d'insectes et de plantes, ignore quel magique intérêt peut s'attacher à une haie ou à une prairie.

Celui qui n'a pas déterré des fossiles ne sait pas les idées poétiques qu'évoquent les lieux où se trouvent ces trésors cachés.

Celui qui n'a pas emporté dans ses promena-

des aux bords de la mer un microscope et un
aquarium, ne connaît point les délices des côtes
maritimes. — Il est, en vérité, triste de voir
combien les hommes s'occupent de trivialités et
sont indifférents aux plus magnifiques phénomènes ; comme ils ont peu de souci de connaître l'architecture des cieux, tandis qu'ils se pas-
sionnent pour de misérables controverses sur
les intrigues d'une Marie Stuart ; comme ils
s'attachent à critiquer savamment une ode grecque, et passent sans y songer devant ce grand
poème épique que le doigt de Dieu a écrit sur
les couches de la terre ! »

Mais voyons donc que, dans la dernière division de l'activité humaine, comme dans les autres, la culture scientifique constitue une préparation nécessaire.

Nous voyons que l'esthétique en général est
nécessairement fondée sur des principes scientifiques, et qu'on ne peut réussir complètement
qu'à la condition de connaître ces principes.

Nous voyons que, pour la critique et l'appréciation des œuvres d'art, il faut la connaissance
de la nature des choses, en d'autres termes,
qu'il faut le secours de la science.

Et nous voyons que non seulement la science
est l'auxilliaire de l'art et de la poésie sous toutes leurs formes, mais qu'elle peut être, à bon
droit, regardée comme poétique elle-même.

Parmi les notices lues dans la dernière séance
de réunion annuelle des cinq académies, il faut
noter celle de M. Janssen, délégué de l'Acadé-

mie des Sciences, sous ce titre : Science et Poésie.

Il constate d'abord que ces deux mots représentent les deux plus grandes manifestations du génie humain, et se demande si ces deux filles immortelles ont pour destinée d'être séparées par un fossé profond.

Après avoir cherché à travers les civilisations de l'Inde, de l'Egypte, de la Grèce et de Rome les origines de la science et rappelé les grands génies de l'humanité, le savant directeur de l'observatoire de Meudon s'exprime en ces termes :

« Oui, l'univers est dévoilé à nos regards et il nous montre les plus sublimes spectacles : des genèses de soleils issus de nébuleuses et servant de centres et de régulateurs à des systèmes de mondes qui naissent, se développent, déclinent et meurent pour donner naissance à des évolutions nouvelles et incessantes dans l'espace et dans le temps.

Nous pouvons le dire, Messieurs, l'univers entier, dans sa majesté et sa grandeur, est devenu le domaine intellectuel de l'homme. Aussi, Messieurs, et comme conclusion de ce discours, je voudrais dire non seulement que *la science comporte une poésie,* mais même que *la poésie de l'avenir, la poésie sublime par excellence se dégagera de la science.* Oui, c'est la science qui contient la poésie de l'avenir. Aussi, est-ce à s'emparer de ce grand théâtre que je voudrais convier nos jeunes poètes. Sortez, Messieurs, de ce domaine trop étroit qu'on appelle la Terre, emparez-vous des cieux et de l'univers, si la contemplation de notre chétif et étroit domaine a déjà enfanté tant de belles et sublimes inspirations poétiques et philosophiques, que sera-ce lorsque l'Univers entier avec ses lois et ses harmonies sera offert à vos inspirations ?

Il faut le dire bien haut, la poésie en sera transformée, je devrais dire transfigurée ; l'âme humaine n'est pas inférieure à ces hautes destinées, car elle est d'essence divine, c'est-à-dire capable de toutes ces grandeurs.

Aussi veux-je en terminant, réformer mon titre, et au lieu de dire science et poésie, je dirai la *poésie de l'avenir par la science.* J'ai confiance, messieurs, que cette affirmation deviendra bientôt une éclatante vérité. »

Ainsi les faits et les conceptions des meilleurs esprits sont d'accord pour établir que la science, loin de constituer un domaine à part dans les occupations humaines, au lieu d'être en opposition avec la religion, avec l'art, avec la poésie, avec tout ce qui constitue l'agrément de la vie, — est seule digne de remplacer la religion, est seule capable de procurer avec le bien-être matériel toutes les jouissances intellectuelles de quelque genre qu'elles soient.

L'homme ne peut rien tenter, rien juger, rien apprécier, rien goûter sans le secours de sa raison.

Telle est la conclusion à laquelle nous sommes fatalement conduits dans cette étude, comme dans l'étude de tout sujet qui se rapporte à l'homme.

Essayons de formuler, en conséquence, un plan général d'éducation, qui pourra paraître irréalisable aux esprits traditionnalistes, mais qui, à notre avis, découle fatalement de l'expérience historique, et de nos connaissances actuelles en sociologie. Si bien que nos petits-fils le verront en voie de réalisation.

Tout enfant sera élevé suivant les lois de l'hygiène dont l'étude raisonnée aura été la principale occupation des parents.

Il ne sera pas nécessaire de faire intervenir la société armée de règlements, de surveillants et de punitions ; l'instinct des parents concordant avec celui des enfants et avec l'intérêt général.

Les enfants, dès leur plus jeune âge, seront habitués à faire eux-mêmes toute la besogne qui les concerne personnellement : à se tenir propres, à s'habiller, à faire leurs lits, etc., etc., — les plus âgés venant en aide aux plus jeunes, les initiant à cet apprentissage nécessaire.

A mesure que l'enfant se développe en force et en intelligence, le domaine de son activité s'étend. Il concourt au travail de toute la maison, contribuant au bien-être des autres qui contribuaient au sien et apprenant ainsi les premières règles de la solidarité, base nécessaire de la vie sociale.

En même temps que la pratique manuelle, il apprend la meilleure manière d'accomplir chaque ouvrage en raisonnant sur chaque sujet et s'initiant aux lois qui régissent la matière. Il prend connaissance avec tout ce qui l'entoure, les phénomènes atmosphériques et terrestres et chacun de ses étonnements est le sujet de nouvelles investigations transformées en raisonnements et en connaissances par l'aide des enfants plus avancés plutôt que par celle des grandes personnes ou des livres.

Cependant, il a appris tout jeune à lire, à écrire, en même temps qu'à dessiner, qu'à solfier, qu'à exprimer chaque idée par un mot propre.

Puisque les hommes sont encore divisés en nations chacune usant d'un langage spécial — et que cependant, dans chaque nation, l'homme est soumis aux mêmes lois naturelles, ressent les mêmes besoins et emploie les mêmes moyens pour les satisfaire le mieux possible — il est indispensable à chaque homme de chaque nation de se mettre en rapport avec ceux des autres pays, pour que tous bénéficient des résultats acquis par les efforts de tous en vue du même but : l'amélioration des conditions de l'existence humaine.

Il faut donc que, tout jeune, l'enfant apprenne à connaître les langues étrangères, les méthodes un peu différentes suivant lesquelles chaque pays a résolu le problème de la vie posé dans des conditions un peu différentes, les mœurs et les caractères issus de ces conditions et des races distinctes qu'elles ont produites.

L'enfant se prête mieux que l'homme à ces rapprochements, n'étant pas encore imbu de doctrines et de sentiments égoïstes et bassement utilitaires.

Il faut donc que l'enfant voyage, — ce qui agrandit le domaine de ses investigations et par suite celui de ses connaissances — ce qui l'habitue à la lutte contre les éléments et lui enseigne comment l'homme s'en est rendu maître — ce qui lui montre qu'il n'est qu'une unité d'un nombre infiniment grand de personnes semblables à lui — et qu'il lui faut se garder de croire que le monde entier se résume à sa petite personne ou à son entourage immédiat.

Quoi de plus agréable pour une bande d'enfants que ces voyages en commun dans des pays étrangers où des enfants du même âge, disposés comme eux à jouer, à courir, à chercher toujours du nouveau, les accueilleront à bras ouverts et noueront avec eux des liens de camaraderie qui se poursuivront toute l'existence — car cette visite sera rendue. Chaque année, à l'époque favorable, une troupe de petits Anglais viendront recevoir chez leurs camarades français l'hospitalité qu'ils leur ont donnée l'année précédente. Dans chaque village, tant par maison, ils vivront quelques mois ensemble comme frères et sœurs et chacun sera heureux de faire apprécier au petit camarade d'au delà la mer tout ce qu'il y a de bon et d'agréable dans son pays. De même pour les autres nations. N'est-il pas évident qu'à des hommes élevés de cette façon, il sera impossible d'inspirer des idées de haine irraisonnée vis-à-vis d'hommes semblables à eux par ce qu'ils portent une autre étiquette, parlent une autre langue et subissent des gouvernants ayant un intérêt à lutter contre les gouvernants du pays voisin.

Parvenu à l'âge d'homme qui sera beaucoup plus précoce, dans ces conditions, au point de vue de la maturité du raisonnement, de l'énergie, de la conduite de soi-même, du « Self-government », l'enfant ainsi élevé n'aura pas à se livrer, dans une profonde perplexité, au grave souci du choix d'une carrière.

Il sera déjà sûr de pourvoir lui-même à sa subsistance par son propre travail manuel.

Celui qui aura une plus vive curiosité d'apprendre, une plus grande faculté de raisonnement, sera naturellement amené à augmenter l'étendue de ses connaissances dans un domaine qui l'intéressera davantage — mais cela sans abandonner l'ouvrage matériel journalier qui est l'exercice constant nécessaire de toutes ses facultés.

Ainsi se formeront des chimistes, des ingénieurs, des artistes, des médecins qui ne seront pas des individus asymétriques et monstrueux par l'unique développement donné à leur cerveau aux dépens de leurs membres et à une case de ce cerveau indépendamment de toutes les autres — mais qui seront des hommes évolués comme les autres, mais seulement un peu plus avancés au point de vue d'une branche spéciale de connaissances.

De même pour chaque métier — qui ne sera plus considéré comme un état d'un ordre inférieur aux professions dites libérales. Chaque artisan déployant autant d'intelligence, de raisonnement et de science dans l'accomplissement de son travail que le physicien dans la réalisation d'une expérience.

La machine remplaçant chaque jour davantage l'emploi de la force musculaire, il n'y aura plus ni manœuvre ni ingénieur, mais des hommes maniant tous une machine-outil, sachant tous comment elle est construite, pourquoi et comment elle fonctionne.

La femme élevée comme l'homme sera fatalement l'égale de l'homme — cette égalité s'entendant avec la connaissance des différences d'anatomie et de physiologie qui caractérisent les sexes.

Loin de vouloir imposer à toute femme les mêmes travaux qu'à tout homme et la même existence il sera admis que toute jeune fille a au moins droit au repos complet au moment de ses règles et dans les périodes difficiles ou douloureuses de la grossesse et de l'accouchement.

L'élevage des enfants faisant la principale préoccupation de tous, les précautions qui permettent de le mener à bien seront minutieusement prises.

On se gardera bien de considérer la femme, parce que son rôle est autre, comme un être inférieur à l'homme et dont le cerveau est rebelle à toute culture sérieuse.

Bien au contraire on la mettra à même de surveiller utilement le développement normal de l'enfant par une connaissance approfondie et raisonnée de toute l'hygiène et la physiologie, par le goût des arts, par la formation d'un caractère viril développant les qualités de sang-froid, de patience, de décision.

Elle ne considérera pas ainsi l'enfant comme un joli jouet, mais comme une valeur propre dont elle a en grande partie la charge et la responsabilité et qu'elle doit rendre accrue à la Société.

Ainsi ayant comme point de départ le souci de sa propre conservation, l'éducation de l'enfant aura pour but et couronnement le souci de la conservation et de l'augmentation de l'espèce en nombre et en valeur.

Il ne suffit pas de tracer un programme de ce qui devrait être au regard de ce qui est actuelment.

Il faut encore indiquer par quels moyens peut être facilitée la transformation (qui se fera aussi fatalement que se fait l'évolution) de l'un ou l'autre.

Mieux que nous ne pourrions le faire en quelques pages, les théoriciens l'exposent journellement dans les livres, les revues, les journaux, les conférences.

Il n'est pas de candidats aux élections qui ne débitent les plus belles phrases et n'expriment les idées les plus élevées — et quelquefois justes, sur les réformes immédiatement nécessaires et réalisables de l'éducation des enfants.

Il en est fort peu qui s'en préoccupent au lendemain des élections. Et d'ailleurs, que peuvent-ils pour mettre en mouvement les machines législative, administrative et judiciaire dont le fonctionnement est nécessaire à l'accomplissement de la moindre réforme ? et que peuvent toutes ces machines elles-mêmes contre la passive résistance des individus, tant que chacun n'est pas convaincu de la nécessité de faire autrement qu'il n'a fait et vu faire jusqu'à ce jour ?

Bornons-nous donc à examiner ce qui dans toutes ces propositions utiles répond à des tendances générales et peut être réalisé prochainement.

L'enseignement primaire entièrement laïque — non seulement de nom, mais de fait — dans lequel l'instruction sera plus pratique que théorique, et appliqué avec une compréhension des besoins divers des populations de la France, comme des facultés diversement développées des enfants. Voilà un premier desideratum généralement accepté.

Mais il faut pour cela un plus grand nombre d'instituteurs — donc, plus d'argent ! éternel obstacle à toute réforme.

Eh bien, non, à côté, et en dehors du maître d'école officiel, combien ne trouverait-on pas aisément, même dans le plus petit village, d'hommes, sinon très instruits, au moins très raisonnables (ce qui vaut infiniment mieux) artisans, médécins, commerçants, petits fonctionnaires, qui seraient heureux de contribuer à l'éducation des enfants.

Il ne faudrait pas les transformer en maîtres d'école ni même en conférenciers. — Que le menuisier laisse pénétrer quelques enfants dans son atelier et leur montre à scier droit et à planter correctement un clou et les laisse voir comment on établit une table. Que d'autres ouvriers fassent de même. Que le médecin emmène chaque jour dans sa tournée un ou deux enfants, agréables compagnons avec lesquels, chemin faisant, il causera de tout ce qu'ils verront et de tout ce qui leur passera par la tête. Le profit ne sera pas moindre pour lui que pour eux. — Mais eux seuls nous intéressent ici.

Ne regrettons pas si souvent l'agrément de ces promenades fassent déserter l'école — les unes sont aussi utiles que l'autre est nuisible à l'esprit de l'enfant, dans sa forme actuelle.

Mais le certificat d'études?

C'est vrai, nous ne sommes pas encore en état de nous en passer.

Mais un enfant à l'esprit cultivé par un constant état de réflexion à propos de tous les objets, sera capable, eu un an de discipline scolaire, de subir avec succès ce redoutable et indispensable examen. Il aura donc eu une seule année de servitude dans toute son enfance, au lieu des 5 ou 6 qu'il supporte actuellement. Le mal sera bien diminué.

Sorti de l'école primaire l'enfant devra songer

à gagner sa vie, ou à entrer dans l'enseignement secondaire.

Dans le premier cas, on ne saurait trop mettre
en garde les parents contre leur tendance à
vouloir faire de leurs enfants un employé. Ils y
voient cet avantage immédiat que, petit clerc ou
groom dans une banque, ou porteur de télé-
grammes, l'enfant gagne de suite quelque chose.
Ils ont cette satisfaction d'amour-propre qu'il
est habillé et considéré comme un « Monsieur »,
et non comme un ouvrier. Il ne songent pas
que le saute-ruisseau ne gagnera pas encore sa
vie quand il partira au régiment. Qu'après son
service militaire, il ne sera pas plus avancé
qu'avant et que chaque fois qu'il quitte une
place, il peut rester un temps illimité avant d'en
trouver une autre quelquefois moindre. Ils ne
savent pas que la clientèle des asiles de nuit se
compose de 75 employés contre 15 ouvriers et
que la misère en redingote est la plus fréquente
et la plus douloureuse de toutes.

Mais des parents convaincus qu'il vaudrait
mieux faire apprendre un métier à leurs enfants
sont réellement dans l'impossibilité de subvenir
à leurs besoins pendant les 2, 3 ou 4 années
d'apprentissage.

Pour beaucoup, ce n'est pas exact. Au prix
de quelques sacrifices et privations, les parents
pourraient procurer à leurs enfants cette première et indispensable mise de fonds, qui bientôt, leur serait rendue à eux-mêmes.

Ouvrier à 17 ans, le jeune homme, peut sur

les 4 à 5 fr. qu'il gagne chaque jour, en laisser les 3/4 à la maison et jusqu'au service militaire, aider puissamment ses parents à vivre.

Mais dans certaines familles, c'est réellement impossible. Enfin, il y a les enfants sans famille. C'est dans ce cas que la société devrait intervenir, dans son propre intérêt.

Il devrait y avoir un crédit au budget destiné à procurer aux enfants les moyens d'apprendre un métier. Les fonds nécessaires à faire vivre ces enfants (complètement ou en partie, suivant les cas) seraient versés aux parents ou à leur défaut à des parents adoptifs, à de braves gens qui se chargeraient de loger et nourrir l'apprenti. Ceci se ferait dans de bonnes conditions dans les chefs-lieux de canton ou gros bourgs où les artisans font de meilleurs apprentis que ceux des villes trop spécialisées et où les conditions de la vie sont moins onéreuses. Une famille pourrait prendre 3 ou 4 apprentis au prix de 3o fr. par mois chacun, tous frais compris, et en retirerait une rénumération suffisante. Ces jeunes gens, en dehors de l'atelier pouvant rendre à la maison une foule de petits services et s'occupant eux-mêmes de tout ce qui le concerne.

Cet argent que l'Etat leur a avancé, ils sauraient qu'ils doivent le rendre. Cela leur serait un stimulant dans le travail et un obstacle à se débaucher. Les délais accordés au débiteur seraient d'ailleurs suffisants et suffisamment prolongés pour que la dette ne soit pas une charge gênante pour l'ouvrier et l'empêchant de réussir.

En attendant (ce qui peut être long) que l'Etat adopte cette organisation, il serait utile que des particuliers philanthropes et éclairés en essaient, sur un petit nombre de jeunes gens, la mise en œuvre, l'expérience prouverait aux plus récalcitrants la valeur de la théorie.

Cependant les jeunes gens fortunés ont pu bénéficier de l'enseignement secondaire qui leur ouvre avec les jouissances de l'instruction l'accès des professions mieux rémunérées et la possibilité de faire partie des dirigeants.

Pourquoi les seuls qui possèdent peuvent-ils le faire ? N'est-ce pas la plus amère contradiction du mot de démocratie qui résonne sans cesse à nos oreilles et des sentiments démocratiques qu'affichent à chaque instant tous nos fervents républicains ?

Il faut donc que toute l'instruction soit à la portée de tous ceux auxquels leurs facultés intellectuelles permettent de l'acquérir.

Cette réforme est actuellement réclamée par tous les esprits avancés et acceptée en principe même par les plus rétrogrades -- ceux-ci s'appuyant pour la différer sur l'impossibilité budgétaire — ce qui leur permet de ne pas avouer leur hostilité au principe.

Evidemment, il serait impossible à l'Etat, avec les charges militaires, les secours accordés sous forme de primes ou de lois protectionnistes aux capitalistes de l'industrie ou de l'agri-

culture, l'impôt mal réparti, et le coulage admi-
nistratif, il serait impossible, dans de telles
conditions, de fournir à tous les enfants pauvres tout ou partie des fonds nécessaires pour
passer 5 ou 6 ans comme internes dans les lycées
et collèges. Si on tentait de le faire, la charge
en retomberait sous forme de nouveaux impôts
en majeure partie sur les travailleurs, c'est-à-
dire sur ceux-mêmes dont la réforme a pour but
d'améliorer le sort.

Mais est-il absolument nécessaire de passer
5 ou 6 ans comme interne dans un établissement universitaire pour être à même d'apprendre le métier d'avocat, d'ingénieur, de médecin,
pour faire un capitaine au long cours, un indus-
triel, un commerçant, un officier, ou n'importe
quel autre fonctionnaire ?

A quoi sont employées les longues heures
de classes et d'études dans toute cette période
scolaire ? à la préparation au baccalauréat.

Mais déjà nous voyons que le baccalauréat
disparaît sous la multiplicité des baccalau-
réats.

C'est, à n'en pas douter, un acheminement
vers la suppression de l'épreuve jusqu'ici tant
redoutée et tant désirée. Elle devait, dans la
conception primitive, ouvrir toutes grandes les
portes des fonctions libérales à ceux qui la
subissaient avec succès et à ceux-là seuls.

Or, l'expérience montre chaque jour davantage qu'au bachelier il reste tout à faire et tout
à apprendre pour se faire une situation, tandis

que d'autres jeunes gens qui n'ont pas perdu leur temps à courir après ce diplôme, gagnent largement leur vie à l'âge où les premiers sont encore sur les bancs du lycée, et finalement obtiennent des positions plus lucratives et plus agréables.

Reste la question de la culture littéraire, du niveau intellectuel qui diminuerait, dit-on, si on touchait aux études classiques.

Croit-on qu'il reste au bachelier en général d'autre souvenir des auteurs classiques, qu'une impression de profond ennui au nom seul de Sophocle, d'Eschyle, d'Homère, de Virgile, de Corneille, de Racine et même de La Fontaine et de Molière?

Incapables de lire dans le texte les auteurs étrangers, ils n'ont même plus la curiosité de parcourir dans une traduction tous ces livres dont il a fallu réciter à un examinateur des passages ou des analyses appris par cœur.

Tout au contraire celui auquel pareille torture n'a jamais été imposée trouve un plaisir très vif à découvrir, à l'âge où il est en état de les comprendre, les beautés de nos classiques, des anciens et des grands écrivains étrangers.

De même la classe de philosophie est réputée le couronnement indispensable des humanités.

Je défie qu'on me prouve que sur 3o élèves de philosophie, seulement 4 soient aptes à comprendre les doctrines qu'on leur expose et en aient retenu autre chose que des noms et des dates.

L'histoire des Assyriens, des Mèdes, des Perses et des Phéniciens est-elle susceptible d'augmenter sensiblement le bagage intellectuel d'un homme cultivé ?

La géographie s'apprend-elle dans des livres qui fournissent très exactement les altitudes dès diverses montagnes, la longueur des cours des divers fleuves, les noms et la population des principales villes du monde à des jeunes gens qui n'ont même pas la curiosité de connaître par eux-mêmes le cours de la Seine, le panorama du mont Blanc et les mœurs de l'Angleterre ?

Quelle idée peut éveiller la géographie physique à celui qui ne connaît ni la géologie, ni les principes d'hydraulique qui régissent le régime des eaux et les aspérités de la croûte terrestre ?

Débarrassée du grec et du latin, de l'histoire ancienne et de la philosophie, de la géographie administrative et de la plus grande partie de la littérature, l'enseignement secondaire se réduit à l'étude de la langue française, des langues étrangères, des sciences, de l'histoire moderne, du dessin et de la musique.

Ce programme est à peu près celui de l'enseignement secondaire moderne (d'invention récente) qui est lui-même celui de l'enseignement dit primaire supérieur.

Quel qu'en soit le titre, il suffit et bien au delà à la culture intellectuelle de la généralité des enfants.

Il suffit de le condenser de telle sorte qu'il ne nécessite que deux ans d'études et de décréter que la sanction qu'on ne peut manquer d'exiger à la fin, permettra l'accès à toutes les carrières libérales.

Ce n'est donc plus pendant 5 ou 6 ans, mais pendant 2 ans qu'un élève sorti de l'école primaire avec son certificat d'études, devra être à la charge de ses parents ou à celle de l'Etat, si les parents sont incapables de la supporter entièrement ou partiellement. La charge qui incombe de ce fait au budget est donc trois fois moins lourde.

Mais encore est-il nécessaire de payer à tous ces enfants, le prix d'une pension dans un lycée ou collège, où elle coûte si cher et où l'on est si mal ?

Pourquoi ne pas accorder d'une part à tous les enfants de familles peu aisées la gratuité des études — puis à ceux qui sont tout à fait pauvres des subsides suffisants pour leur permettre de vivre dans une famille en ville avec les enfants de cette famille ou d'autres camarades ?

De ce fait, la dépense est moindre, pour l'Etat ou la famille, le bien-être matériel de l'enfant est plus grand, et surtout il vit d'une vie normale dans le milieu commun au lieu de faire l'apprentissage de tous les vices communs aux internes, aux congréganistes et aux prisonniers.

Nous trouverions juste, d'ailleurs, que ces subsides fournis par l'Etat à l'enfant pauvre pour lui permettre d'acquérir une situation enviable, soient considérés comme une avance de fonds que le jeune homme rembourserait dès qu'il le pourrait. Ainsi, les mêmes capitaux serviraient à plusieurs générations successives, diminués de quelque pertes, mais accrus de dons que ne manqueraient pas de faire ceux qui auraient acquis, par ce moyen, non pas seulement de l'aisance, mais de la fortune.

Ainsi s'infiltrerait dans les classes dirigeantes un élément neuf, avide d'apprendre, désireux de bien faire, dépourvu de morgue héréditaire et de respect religieux des traditions surannées, résolument démocrate et prêt à contribuer à l'amélioration du sort de la classe pauvre dont il est issu.

Ainsi disparaîtrait tout danger de révolte violente de cette classe pauvre qui saurait que ses enfants peuvent s'élever aux premières places dans la nation.

Mais l'enseignement secondaire ne mène pas directement à l'acquisition du savoir spécial qui fournit un métier.

Pour cela, on considère actuellement qu'il faut gravir un échelon de plus : l'enseignement supérieur.

Est-ce réellement toujours nécessaire ? ou plutôt est-il indispensable que pour bien connaître un métier, il faille d'abord en étudier longuement la théorie seule, pour se livrer ensuite à la pratique en délaissant toute instruction théorique, si on le veut ? C'est ce que nous ne pensons pas.

Nous croyons au contraire que, dans tout métier, la pratique doit être commencée en même temps que la théorie et que les deux parties — dont la distintion est tout artificielle et fausse — doivent être poursuivies de pair pendant toute l'existence.

Par exemple, un jeune homme qui veut devenir ingénieur a tout intérêt à commencer par l'Ecole des arts et métiers et mieux même par être apprenti mécanicien — à condition qu'on lui fournisse les facultés de poursuivre des études de mathématiques pures et appliquées qui permettent de s'élever peu à peu à une conception plus élevée et d'acquérir des connaissances plus précises du métier qu'il fait chaque jour. — C'est ce qui se fait en Allemagne où 'dans chaque usine sous la direction des ingénieurs, des laboratoires d'études sont mis à la disposition des jeunes ouvriers désireux et capables de faire mieux que des manœuvres. Parmi eux se recrutent une bonne partie du futur personnel dirigeant. Cela existe en France dans le corps des mécaniciens de la marine où tout élève mécanicien peut s'élever au grade équivalent à celui d'amiral sans sortir d'aucune école supérieure. Un jeune homme qui désire faire un médecin ne gagnerait-il pas à débuter à 15 ou 16 ans dans un hôpital comme simple infirmier, mais infirmier intelligent, observateur et d'autant plus curieux d'apprendre qu'il sait qu'il dépend de lui de ne pas rester dans cette position subalterne — mais que, par le soin qu'il mettra à accomplir sa besogne quotidienne comme par l'assiduité qu'il manifestera par l'é- tude de l'anatomie, de la physiologie et de la pathologie, il pourra devenir d'infirmier, ex- terne, puis interne, puis chef de service des hôpitaux.

Outre un meilleur et plus rationnel appren- tissage du métier, une telle organisation diminue sensiblement les charges pécuniaires de la fa- mille ou de la société qui doit se substituer aux familles pauvres.

Le jeune homme gagne de suite un salaire proportionné aux services qu'il rend. Il suffit de lui fournir gratuitement ou à peu de frais les moyens d'instruction — et cela est aisé — ceux qui savent étant toujours disposés à faire béné- ficier de leur science les jeunes gens, sans en retirer une autre rénumération que les moyens de vivre et encore pas toujours.

Cette instruction sera complète, si tout jeune homme trouve des facilités pour continuer dans une nation étrangère l'apprentissage commencé dans la sienne. Il serait aisé, étant donné le dé- veloppement à peu de chose près égal de la civilisation dans tous les Etats européens, aux Etats-Unis et même au Japon, de considérer comme d'égale valeur l'homme qui a appris son métier dans un quelconque de ces Etats.

Cela exige, il est vrai, qu'on accorde moins de valeur à un titre, à une sanction universitaire ou à un certificat de patron qu'à la valeur professionnelle de l'individu, qu'il est aisé de constater.

L'organisation que nous demandons ne peut s'établir que sur ce principe. Il ne faut pas se dissimuler que, particulièrement en France, ce ne sera pas là le moindre obstacle.

Voilà ce qu'on peut faire pour les garçons. Les mêmes procédés peuvent être employés pour permettre aux filles d'acquérir avec un métier lucratif un développement de l'intelligence et de la raison qui ne les laisse pas à l'état d'animaux de luxe ou de bêtes de somme dans la société.

Il faudra toujours des couturières, des modistes, des lingères, des fleuristes et de bonnes ménagères. Mais au lieu de donner à toutes un vernis ridiculement léger d'instruction générale en se fiant pour le reste à leur naturelle et instinctive conception du beau et de l'utile, combien leur éducation serait mieux comprise si chaque brodeuse était très complètement instruite des arts du dessin, de la peinture et du modelage, si la dernière ouvrière était une véritable artiste non d'intention, mais de fait — si chaque ménagère connaissait la valeur nutritive de chaque denrée, le danger d'une cheminée qui tire mal et la manière d'élever les mioches.

Une instruction égale à celle des garçons et reçue en commun avec eux depuis la première enfance procurerait aux jeunes filles ces avantages et aux hommes celui d'avoir des compagnes agréables avec lesquelles ils puissent causer d'autre chose que de futilités ou de plaisir.

Malgré les réductions de dépenses que nous avons vu possibles de réaliser sur l'évaluation primitive, l'aide matérielle que l'Etat devrait procurer aux jeunes gens pour procurer à tous les mêmes facilités d'instruction exigerait cependant une mise de fonds élevée — il ne faut pas se le dissimuler.

Cette réforme de l'éducation n'est entièrement applicable qu'à la condition de tarir les nombreuses fuites par lesquelles s'écoule en pure perte le plus clair de nos contributions.

D'abord les dépenses militaires qui pèsent doublement sur la société et par l'énorme partie du budget qu'elles engouffrent et par l'obligation où le service militaire met les jeunes gens de cesser de gagner leur vie au moment de leur pleine production de travail.

Ce travail arrêté est d'ailleurs ensuite repris péniblement, et le temps perdu au régiment se double du temps qu'il fait perdre au retour.

Le jour où les doubles dépenses ne seront plus rendues ou reconnues indispensables, soit par un consentement mutuel des nations qui se regardent comme des animaux prêts à se mordre, soit par la conviction acquise par l'une d'elles que la caserne n'est pas indispensable pour faire un soldat, ce jour-là chaque Etat civilisé deviendra aussi riche et aussi prospère que les Etats-Unis d'Amérique qui en offrent au monde entier l'expérience.

Le jour où toute industrie ne sera plus basée sur la nécessité de fournir d'abord au capital un intérêt qui varie de 10 à 3o pour 100, sans compter l'aide pécuniaire que lui fournit l'Etat sous une forme plus ou moins déguisée, les entreprises industrielles seront aussi nombreuses et les ouvriers aussi bien rénumérés que ceux-ci sont misérables et celles-là rares actuellement en France. De plus l'Etat y gagnera de quoi subvenir à l'éducation du plus grand nombre de ces ouvriers.

Le jour où tout petit pauvre pourra être à même de devenir un dirigeant tout aussi bien que le petit riche, les carrières libérales seront un peu plus encombrées, il deviendra moins aisé d'y faire fortune, mais un plus grand nombre de citoyens y gagneront simplement leur vie, et ces positions enviées actuellement de tous, seront abandonnées par beaucoup qui trouveront des places stables dans le commerce et l'industrie.

Comme la fortune d'une nation repose sur la fortune moyenne de ses membres, un plus grand nombre de producteurs contribura aux dépenses nécessaires à tous.

Enfin, le jour où les parents mieux avisés renonceront d'eux-mêmes à léguer à leurs enfants les capitaux qu'ils auront amassés aux dépens de leur prochain, pour leur éviter la peine de se livrer à aucun travail, la fortune s'égalisera, et s'il est évident qu'il y aura toujours des riches et des pauvres, il cessera d'y avoir des riches de naissance et des pauvres de naissance. Suprême injustice sur laquelle repose une société qui cependant se réclame des grands principes de justice et d'égalité.

TABLE DES MATIÈRES

9 782013 027540